JN005831

農文協

「どぶろく・手づくり酒」の本・3部作の復刊にあたって

「ドブロクつくりがなぜわるい!」、そんな「主張」を『現代農業』で掲げたのは1975年（3月号）のことだった。高度経済成長と農業の近代化のもと、農家の生産と暮らし、むらが変わりゆくなかで、「これでよいのだろか」という思いを強めた農家が教えてくれたのは、農家がもち続けている「自給の思想」とその知恵、技を大切にし、とりもどすこと。その象徴がどぶろくであった。『現代農業』ではその頃からどぶろの記事を毎号のように掲載。その流れは、各地の農家が登場する「ドブロク宣言」の連載など今日まで続いている。『現代農業』の蓄積を単行本にした『農家が教える　どぶろくのつくり方』も毎年、晩秋から冬にかけて注文が増え、版を重ねている。

そんな根強いどぶろく人気の大きな発火点になったのが、1981年発行の『ドブロクをつくろう』である。編者の前田俊彦さんはこの出版と相前後して、国を相手どり、自家醸造を禁止する酒税法は憲法違反と主張して訴訟を起こした。最高裁で斥けられたものの、その主張は世に大きな一石を投じた。前田さんは、「まえがき」で、「すでにながいあいだ酒の自家醸造を禁じられているわれわれ日本人は、そのことがいかに人間の基本的な自由の抑圧であるかを感覚的にわすれており、その自由の回復がかならず日本人の文化の蘇生をみちびくという展望も失っている」と書き、日本人の文化の蘇生のためにこの書を編んだと記している。その趣旨に賛同し、憲法学者の小林孝輔さん、農家であり詩人・作家の真壁仁さんら10人の方々が寄稿。そのメッセージは今でも生き続け、次代に伝え継ぎたいと考えた。

『ドブロクをつくろう』の翌年には、その「実際編」である『趣味の酒つくり』（笹野好太郎 著）を発行した。蜂蜜酒など入門編からワイン・ビール・濁酒・清酒、焼酎まで、それぞれの酒にまつわる文化をまじえてつくり方を指南してくれた本だ。

「どぶろくを民衆の手に」という復活宣言本と、庶民のための初めての本格的な自家醸造酒の実用本。この2冊の反響は大きく、いずれも10万部のベストセラーとなった。そこには経済成長のもと、あらゆるものが商品化され、農家・庶民が自らつくる日常生活文化の豊かさが失われていくことへの無念と、その蘇生を願うたくさんの人々がいた。

この2冊とともに、各地のつくり手たちを描いて話題を呼んだ作品を復刊した。『現代農業』の連載から生まれた『諸国ドブロク宝典』である（その後に出た『世界手づくり酒宝典』と合本）。各地を旅し、ドブロクづくりを楽しむ人びとの暮らしぶり、仕込み方、家族や仲間のことなどを、実際に味わいながら取材し個性的なイラストと短文で描き続けたのは、異色の絵師、貝原浩さんである。貝原さんは「あとがき」でこう記している。

「夢心地のなか、味わって想うことは、どの酒にもつくり手の意気が仕込まれているということです。酒という生き物をつくり出す誇りを飲むことでした」

2020年3月
一般社団法人　農山漁村文化協会

まえがき

この本をつくっているうちに私の怒りは発酵し、おさえきれなくなった。そして次第にこの本は実用書の域を脱し、反権力の書の性格をも帯びることになってしまった。日本で酒を手造りするということは実に大変なことで、乗り越えなければならぬ障害があまりにも多すぎる。

しかし、この本は単なる反権力の書でもなく、単なる酒つくりだけの実用書でもないという自負が私の胸にある。私は酒の手造りを材料として、酒そのものを語ったつもりである。

ドウイット・ユアセルフの最も優雅なものとして、酒を手造りしたいという人はこの本を手がかりとして酒つくりの理論も身につけていただきたい。それは発酵の原理から、「密造」という犯罪についての闘いの理論武装に及んでいる。

酒を買えぬところに長期滞在を余儀なくされる酒好きな人にも読んでもらい、つくって貰いたい。ここでは本当に人助けな本になるだろう。そして身のまわりにある多くの食物が酒となることを知るであろう。そして、酒を禁ずるということが己れの内なる心から出たものでなければ実にはかないものであることを知るであろう。

みつぎ取りの役人にも読んでもらい、つくってもらいたい。そうすれば、家庭の酒つくりを密造などという罪名で弾圧しようとすることがなんとおろかしく、はかないことであるかが実感出来るであろう。

農家の人々にも読んでもらいたい。そしてドブロクを復活させていただきたい。農業基本法で荒廃させられたあなたの心に本当のふるさとがよみがえり、酒つくりは農業そのものであることを思い出させ、堆肥を発酵させ、肥料を自給し、土地をこやすことと酒つくりとは全く同じことであることを身体で知るであろう。

農学、化学をまなぶ学生諸君にも読んでもらい、つくってもらいたい。発酵とは生命のシステムである。頭だけではなく身体が生命のシステムを体験し、理解するであろう。そして先端技術の雄として一九九〇年代に花開く、夢の大型技術といわれるバイオテクノロジーの基礎を身につける。

心ある酒販店のご主人達にも是非読んでいただきたい、つくってもらいたい。私が誰よりも酒つくりをして欲しいと思うのはこの人達である。この人達は酒が商品として確立し、びん詰、缶詰、箱詰の完全商品になるにつれて、酒の中身のなんたるかを知らされることなく、運ぶことと売ることだけのコンベヤーシステムの自販機の端末の役だけに甘んじさせられてきた。自らつくることで酒そのものの心がわかり、酒の心を取りもどすことが出来る。それに欧米なみに家庭での手造り酒 に つ い て「密造」という犯罪が消滅したとき、手造り酒材料の販売とコンサルタントという大きな新しい産業が酒販店の店主のまえにひらけてくる。そうなってこそ酒の専門店としての輝かしい展開が約束されるようになる。

そして最後に、なによりも、誰よりも私が読んでもらい、つくってもらいたいのは一家の主婦の方方である。酒を自らかもすことで、あなた達はかつての栄光を取りもどし、真の刀自(とじ)の地位を復権する。そして日本の酒つくりの長(おさ)・杜氏(とじ)は刀自(とじ)に始まることを実感するだろう。あなたのかもした酒で一家すべてがほろ酔いのよろこびを知り、ストレスを解消し、生活の活力がここから生れるならば、そのよろこびははかり知れない。そして、これを契機として、飲酒人口の中にぼう大な数の女性達が参入してくるのだ。なんと楽しいことではないか。では――。

目次

中級篇

第三章　ワイン手造りの実際……111

高級篇

蒸留酒・混製酒篇

入門篇

第一章　花嫁にもつくれる蜜月の酒・ミード

発酵の観察

まず、こんなところから始めていただこう。総合食料品店かスーパーやデパートの食品売場から「ドライ・イースト」を買い求める。つい数年前までは説明書にはこんなことが書いてあった。「砂糖をぬるま湯にとかして、このドライ・イーストを加えて放置してください。泡が出てきたら、次のパンつくりにかかってください」。

最近のものはイーストの活性度が高いので「予備発酵なしで使えます」と書かれている場合が多いのだが、ここはパンつくりが目的ではないので、次のようにやっていただきたい。

砂糖大さじ二杯を三〇度Cほどのコップ一杯のぬるま湯にとかし、ドライ・イーストを耳かき数杯ほど加えて、サランラップでおおって暖かい場所に放置する。一晩もすると、この砂糖水は全体にうっすらとにごり、次第に泡立ち始める。耳を傾けるとかすかにシャワーのような音が聞えるはずである。二日もそのままにして置くと泡の発生はおさまり、なめてみると、もとの甘味は消えて、まったく別の味わいの液体に変身している。これを飲むとほろりとする。砂糖がイーストによってエチルアルコール（略して単にアルコールと呼ばれることが多い）と炭酸ガスに変化したのである。

これが、イースト、わが国では酵母と呼ばれる微生物によるアルコール発酵の現象である。そしてドライ・イーストはこの微生物の生命力をそこなわずに乾燥（ドライ）させた商品で、もっぱら家庭のパンつくりに使われている。

ドライ・イーストは適当な栄養分と温度、水分をあたえるとたちまち目覚め、盛んに増殖し、アルコール発酵を始めるのだ。言いかえると酵母は繁殖に必要なエネルギーを糖から摂取する。そして、糖はアルコールと炭酸ガスに変化するのである。パンつくりではこのとき生ずる炭酸ガスによって小麦粉の生地をふくらませ、酒つくりでは専らアルコールの方を活用するだけのことである。しかし、ビールやシャムパン（成泡性のワイン）では炭酸ガスも重要な役目をはたすことはご存知の通りである。

砂糖の液が盛んに泡立ち始めたとき、あなたの家に六〇〇倍以上の顕微鏡があれば、これはしめたものである。小学校の上級生や中学生の子供のいる家庭では理科の教材として顕微鏡などは珍しいものではなくなっている。この顕微鏡を借用して、のぞいてみよう。実に無数の卵型の微生物がこの砂糖の発酵液の中に浮游しているのを観察することが出来るだろう。これこそ、酒をつくる微生物・イースト、すなわち酵母のけなげな姿である。そして、この酵母の泡だちとその泡のささやきが酒つくりの出発である。

もう一度、ドライ・イーストの説明書を読んでいただきたい。どこかに必ず次のような注意が書かれている。「絶対に五〇度C以上の温水を使用しないでください。イーストが死んでしまいます。ドライ・イーストは生きております。保存については充分にご注意ください。ドライ・イーストは温度、湿度、空気などによって少しずつ発酵力が弱まりますので密封して必ず冷蔵庫または冷凍庫で保存してください」――。

発酵の観察にあたってのもうひとつの注意は砂糖の量である。多すぎると逆に発酵が遅れたり、悪くなったりするのである。

もう、おわかりのことと思うが、酒とは酵母という微生物が糖分を発酵させ、アルコールと炭酸ガスに変化させることによって出来る飲物である。科学教育の普及した今日、酒のできる仕組みの中に存在した神秘性は全く消えてしまった。だが、ひと昔まえまで、酒は私達人間にとって、まことに不可思議な神秘に満ちた飲物であった。

薄めたハチミツやブドウのしぼりたての果汁などがふつふつと泡を立てて湧き、それが静まった頃にはもとの甘味は消えて、まったく別の味わいの香り高い液体に変身している。そして、これを飲むと、まことに不思議な魂の游泳が始まる。酔いの現象である。私達のこころは神に近づいてゆく。

このような不思議な力を秘めた飲物がつくられてゆくプロセスに私達の先祖たちは神の力を見たのである。だが今は違う。近世以来の科学の進歩は酒から神秘のベールをすっかりはぎとってしまったのだ。

それでは神秘のベールをはぎとられたあとの「酒になるプロセス」とは何か。それが私達の観察してきた発酵である。「発酵」すなわち、英語でファーメンテーションと呼ばれる言葉は元来ラテン語の「湧き立つ(フェルメント)」から派生したもので、最初から酒と深いきずなで結ばれている。イーストを加えた砂糖液がさかんに泡立って湧く現象が発酵である。このことをしっかり認識していただくところから、酒つくりはスタートする。

蜜月の酒・ミード

このミードという言葉がすぐおわかりの方はよほど酒について造詣の深いお人か、あるいは西洋文学に明るいお方だろう。というのは西洋文学では蜂蜜酒と書いて「ミード」とルビを打ってあることが多いからである。だがわが国ではこの酒が欲しいと言っても、おいそれとは手に入らない。酒屋さんに聞いても、不勉強なことでは定評ある日本の酒屋である、「ヘッ、それナンです?」と逆に聞き返されるのがオチであろう。

ローマの英雄ジュリアス・シーザーもミードを愛飲したと歴史家は記しているが、このミードがイギリスに渡って、いつか結婚式の酒となって定着した。さらに結婚式のあと若夫婦は半月間は必ずミードをつくり、それを飲む風習が生れた。昔は花嫁はこの半月間、一生懸命にミードをつくり、それをいとしき夫に飲ませ、せっせとセックスに励んだ。ここからハネムーン（蜜月）という言葉が出来たという。

今日では自らミードをつくる花嫁は珍しい。その証拠に、この甘い新婚の蜜月の酒として、イギリスではミードが商品として売られている。そして、このミードの原料として、かなりの量の蜂蜜がオーストラリアなどから輸入されている。私の手もとにあるコーニッシュ社のミードにもラベルにはっきりとザ・ハネームーン・ドリンク（蜜月の飲物）と書かれている。

だが、このように商品化されたミードは面白味がない。徹底的にろ過され、びん詰後の長期保存に耐えるように熱酒殺菌がほどこされてしまっている。北欧神話の神々が飲み、古代の英雄たちが酔い、恋人達が、花嫁花聟が飲みあったミードを味わうためには自ら手造りする以外はないのである。そして出来たてのフレッシュさを楽しみたいものだ。

そこで趣味の酒つくり入門の第一歩はミードから始めることにしよう。人生経験に乏しい、年若い新妻だけでも容易につくることの出来る蜜月の酒・ミードは手造りする価値が充分ある。なにしろ本邦初公開にひとしい酒である。

それに最初に手がけるのは失敗のおそれのない、やさしい酒つくりがいちばんだからである。第一歩でつまずくと自信喪失につながってしまう。

『人類の祖先を探る』(京大アフリカ調査隊の記録・今西錦司著)の中にもミードが出てくる。東アフリカの未開の狩猟部族テインデイガ族が野生の蜂蜜を集め、これを遊牧民のマンガテイ族が買ってミードをつくる記録である。

狩猟や野生の植物などをあさることで生活しているテインデイガ族の方が、すでに牧畜の技術を身につけたマンガテイ族にくらべて、はるかに遅れているのは当然だが、テインデイガ族は採集した蜂蜜を食べるだけで酒の原料には使わない。マンガテイ族は酒好きで彼等の格式ばった遊牧民の社会の中で絶えず酒をつくり飲む。儀式ばった生活のその都度に酒がないとマンガテイ族はやってゆけない。

ミードすなわち酒は民俗学でいう「ハレの食品」となっているのである。マンガテイ族の習俗では娘の結婚する折、父親は蜂蜜の酒をつくって人々をもてなさなければならない。また、人が死んで葬式をやるときも、その息子は蜂蜜の酒をつくって人々に飲まさなければならない。

蜜蜂の巣から取りだしたばかりの蜂蜜には天然の野生の酵母が棲(す)みついている。糖分が高いので発酵が起らないだけのことである。水で薄めさえすればたちまち、ふつふつと泡だち、発酵を始め、一夜にしてミードとなる。それほど簡単に酒になる。ミードが古い古い歴史をもつ酒としてワインとならんで、すでに神話伝説の時代から登場するのも蜂蜜は薄めるだけで容易に酒となるからである。

ミードのつくり方

酵母のことなど一切、ご存知ない英国の花嫁がつくり、アフリカの未開のマンガテイ族達がいとも簡単につくるミードだが、私達が彼等と同じようにやっても絶対と言ってもよいほどうまくはゆかない。何故だろうか。

それは野生と商品のちがいである。今日の市販の蜂蜜は全くあてにならない。砂糖やブドウ糖からつくったマゼ物が入っているものが多く、信用出来る真正なものでも、びん詰のとき、ろ過をして、その上、加熱びん詰を行って、万が一のカビの発生や、湧きによるクレームを防いでいるものばかりである。一方、テインデイガ族が野生の蜜蜂の巣から採取した蜜や、その昔、イギリスの若妻達がミードつくりにはげんだ時代の蜂蜜は野生である。蜂蜜の中には酵母が薄められる日を待って待機している。だから、誰でも、いとも容易にミードが出来た。だが、現代の商品としての蜂蜜からのスタートでは酵母をあらためて加えてやらない限り、何日待っても発酵など起りはしない。まぜ物のあるなしは別としても死んでいる蜜と生き続けている蜜とのちがいがそこにある。さて――。

用意するもの

一升びんの空(から)びん、蜂蜜、ドライ・イースト、ミネラルウォーター

メジャーカップ（二〇〇cc～一〇〇〇cc）

はかり（一〇〇〇グラム程度のもの）

第1図 ミードつくりの手順

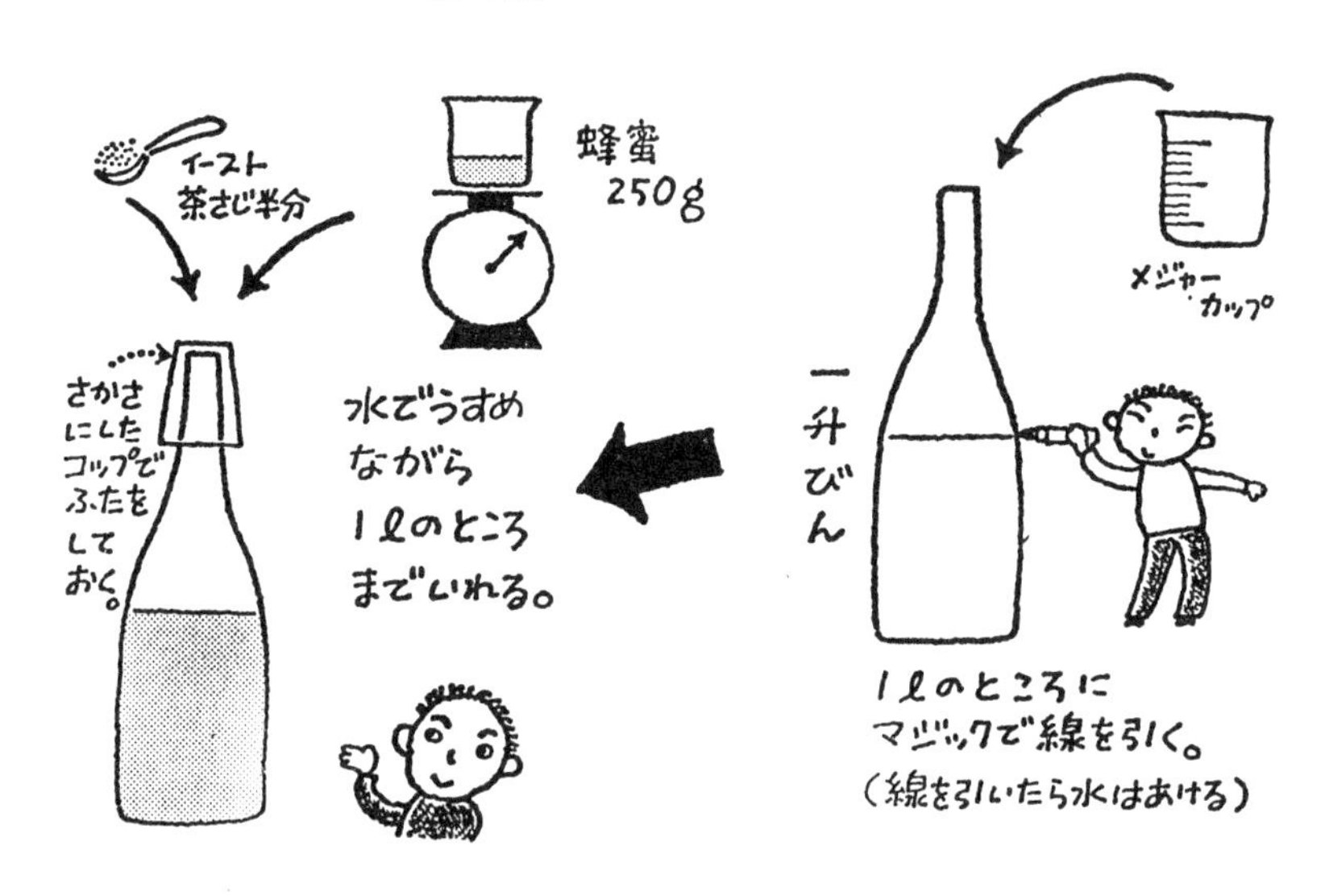

一升びんは発酵タンクとして用いるものだから、どんなびんでもよい。メジャーカップで水を一リットルはかり、空の一升びんに入れる。入った水面のところに油性のマジックペンなどで、びんの外にはっきりと目じるしをつけたのち水をあけてしまう。これで一升びんは一リットルの目盛のついた発酵タンクになったわけである。

次に蜂蜜二五〇グラムをはかり、ミネラルウォーターで薄めながら、この一升びんの中に入れてゆく。一リットルの目じるしのところに達するまで蜂蜜をミネラルウォーターとともに洗い込んでしまえばおしまいである。ミネラルウォーターでなくとも、自慢の井戸水なら、それを用い、水道水でも一向に差支えない。水道水はカルキ臭があってという人は湯ざましにして用いる。

最後に茶さじ半分程度のイーストを加えたのち、

一升びんをよく振って、水、蜂蜜、イーストがよくまざればおしまいである。これだけのことで夏は数日、冬は一週間あまりで発酵が終わり、蜂蜜の糖分はすべて、アルコールと炭酸ガスに変ってしまうことになっている。さあ、愛の酒ミードの生誕を祈ろう。ミードの発酵中はブクブクと盛んに発泡し、炭酸ガスを発生するから、びんにかたく栓をしてはいけない。虫などの入らないように、コップを逆さにして蓋をしておけばよい（以上を図示すれば第1図のとおりである）。

日本で猩々蠅（しょうじょうばえ）、外国ではヴィネガーフライと呼ばれる小蠅はことのほか酒好きで、すぐに集ってくる。そして液中におぼれ死んでしまって酒の香気を悪くするから注意が肝心である。猩々蠅の猩々は中国の伝説の酒好きな獣で、謡曲などでおなじみである。英語のヴィネガーフライは、ヴィネガー（酢）などを好むところから名付けられたもの。どちらにしても酒をつくりだすとその匂いをかぎつけて飛翔し、周囲を不潔にすると、たちまち卵を生みつけ、ふえる。気をつけなければいけない。

アルコール分の計算

ここで、ごく大雑ぱなアルコール分の計算をやっておこう。

出発点となるのは発酵タンク（一升びん）中の糖濃度である。通常、蜂蜜は糖分七九％、水分二〇％、他に蛋白質〇・二％、灰分（ミネラル）〇・一％、他にビタミンB群、ビタミンCなどを含んでいる。すなわち糖分は約八〇％、一〇〇グラム中に糖分が約八〇グラムほどある勘定である。したがって先に計量し、ミネラルウォーターにとかして丁度一リットルにした蜂蜜二五〇グラム中には糖分が二〇〇グラム含まれることになる（250×0.8＝200）。これだけの糖分が一リットルの水の中に溶けているのだから、一〇〇cc中には二〇グラム、すなわち二〇度の糖分となる。一度の糖分が完全に発酵すると〇・六度のアルコールを生ずる。したがって、二〇度の糖分が完全発酵すれば二〇掛ける〇・六で一二度のアルコール分となるわけである。それでは糖分を最初、この倍として、すなわち、蜂蜜五〇〇グラムを水にとかし、一リットルにして、糖分四〇度から出発したとすれば四〇掛ける〇・六で、アルコール分が二四度になるか（これだけ高いアルコールが出れば焼酎なみである）というとそうは問屋はおろさない。糖濃度が高くなると、酵母はその濃度に圧倒されて、うまく増殖してくれず、したがって発酵も始まらない。たとえ、発酵が始まったとしても、最後まで、うまく発酵しないのだ。したがって、糖が残ってしまう。

そこで、糖分が薄からず、濃過ぎずというところで、蜂蜜二五〇グラムをうすめて一リットルにしたのである。蜂蜜三〇〇グラムを一リットルとして発酵させ、アルコール分一二度で、あと糖分が四度ほど残存した天然甘口ミードをつくることも可能だが、これはいささか高等技術となるので、あとのこととしよう。

発酵がまだ続いているか、完全に終了したかは目で見るだけでよくわかる。それは、発泡が次第に静まり、今まで濁っていた液が次第に透明度を増してくるからである。旺盛に発酵を続けている間は酵母は液中に浮游している。したがって液は濁っている。しかし、発酵が終末を迎えはじめると働き終った酵母は次第に沈澱を始める。そして最終段階に達すると、酵母の大半は完全に発酵タンクの底、すなわち一升びんの底に沈澱してしまう。すかして見ると、粘土のような沈澱となって、底に堆積したものがある。これが何百、何千億という数の酵母の集合体である。静かに傾斜させて、上澄みを別のびんに移しかえる。これがオリ（滓）びきである。サイフォン式でやってもよいが、この程度の量ならばデキャントするだけで充分である。コンサイス英和辞典で「デキャント」を引くと（液体などの上澄みを――びんを傾けて）静かに移すとあった。ワインのサービスなどに使われるデキャンターはオリを除いたワインを入れる容器の意味である。

発酵の確認検査

このようにして出来上ったミードの発酵が本当に完全であるかどうかを調べるには、目で調べるだけではなく、もうひとつの方法がある。勿論、飲んでみて甘さが完全に消えているかどうかを調べるのも当然やらなければならないことだが、もう少し化学的な方法がある。それは街の薬局に行って、糖尿の検査に使うテステープ（尿糖試験紙）を買って来る。三七×五ミリほどの黄色い紙が三〇枚で九〇〇円ほどだから安いものだ。使い方は容器に書いてあるので省略するが、このテステープをオシッコならぬミードの中に浸して、ただちに引上げ、一分間待ち、色の変化を見る。黄色のままならば

第2図　テステープでの
発酵確認検査

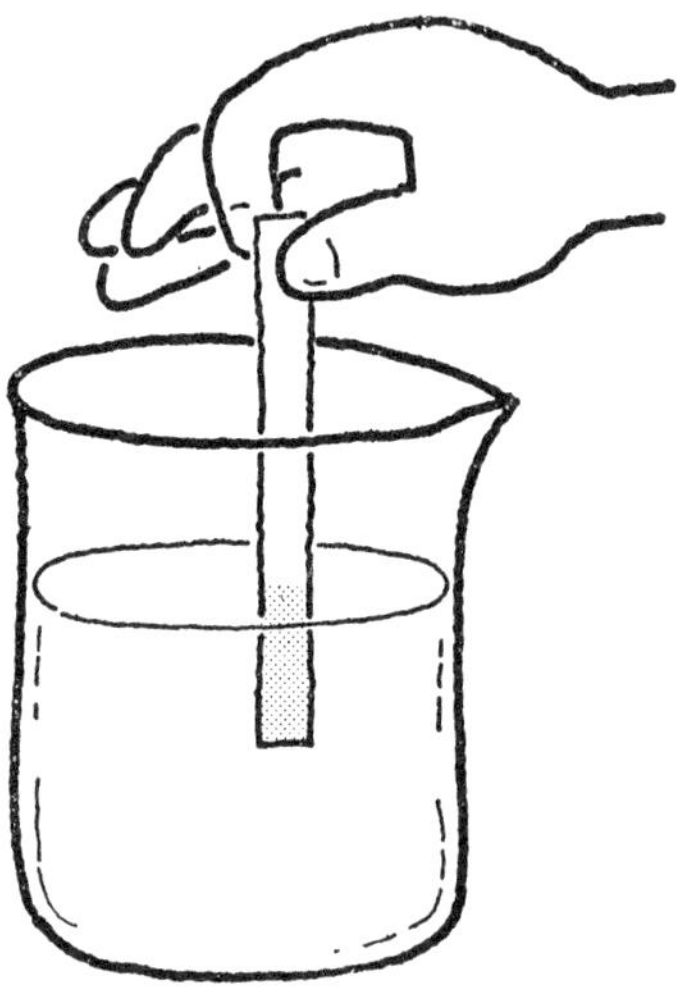

テステープ1枚（もったいないと思う人は半分に切って使う）をちょっとつけて引き上げる。1分ほど，そのままにして乾いたところと湿ったところの境い目が濃い緑色に発色すればまだ糖分が残っている。元のとおり黄色なら糖分はゼロ。

ウィスキー（たとえばサントリー）や焼酎でもやってみよう。緑色に発色するものはインチキくさいものだ。

黄色………糖分なし
うす緑……0.1％以上
緑…………0.5％以上
濃緑……… 2％以上

残存する糖分はゼロ、すなわち完全に蜂蜜の糖分はアルコールと炭酸ガスに変化したのである。炭酸ガスは空中に飛散し、アルコールは残った。最初の蜂蜜の計量が正しく、また、一リットルにうすめられていれば、間違いなく、アルコール分は一二度前後は生じている。さあ、これでミードの誕生は終った。日本のメーカーはまだ誰れもつくっていない。だが、こうしてつくったミードは飲めば酔うが、決してそれほど美味しいものではない。そこで、ミードのバリエーションが始まる。

ミードのバリエーション

前項で述べたような最もプリミティブなミードは美味しいものではない。まず第一に完全に発酵が終ってしまっていて旨味が非常に不足している。アルコールだけという感じである。第二に酸味がない。

酵母が発酵中に副生産物としてつくりだした、ごくわずかの有機酸があるだけである。ワインをはじめ、ビール、清酒などさまざまな発酵酒（蒸留酒に対する言葉で、酵母の発酵によってつくりだされる酒）では酸味は非常に大切な成分である。気の抜けたビールが美味しくないのは炭酸ガスの酸味が抜けてしまったからである。最近の清酒ばなれは清酒が甘いだけで酸味に対するメーカーの思慮のなさに原因があるという人があるほどである。ともあれ、この蜂蜜を水でうすめて発酵させただけのミードでは酸味が非常に不足している。第三がタンニンの欠如である。私の手もとに『メイキング・ミード』という小冊子がある。これはイギリスの「アマチュア・ワインメーカー・パブリケイション」（素人ワイン製造者出版とでも訳すべきか）という名称の出版社（酒類の手造り本ばかり専門に出版している）のだしたミードの手造り指南書である。この本には実にさまざまなミードおよびそのバリエーションの処方が記載されているが、強調されているのは蜂蜜には渋味（タンニン）がないから、醸造にあたっては必ずタンニンを加えるようにということである。というわけで、手造り酒入門篇は次のステップに移ってゆく。

以上の三つの欠点を補正してゆくにはどうしたらよいだろうか。

それは第一に蜂蜜の量をふやすことで旨味をつけることである。前項では蜂蜜の発酵が完全に終えることを唯一の目標とした。だから、蜂蜜二五〇グラムを水で薄めて一リットルとしたのである。あまり蜂蜜の量をふやして、酵母が発酵の途中でへたばってしまうことを恐れたからである。そこで前項の最もプリミティブなミードを美味しくする方法をまず考えよう。

それはオリびきをすませたミードに蜂蜜を追加してやればよい。おそらく、オリびきで五〇cc程度は減っているが、この程度の量の減少は無視することにして、蜂蜜五〇グラムをオリびきのすんだミードに加えてやる。これだけのことで味は見ちがえるほどになる。この添加量は好みで自由にやればよい。

冷蔵庫に冷やしておけば何ヶ月も腐敗することはない。よく冷えたところを飲めば素晴らしい飲物である。

第二の酸味不足をおぎなうにはレモンのしぼり汁を好みで追加する。レモン中一個でおよそ五〇ccのレモン汁がしぼれるから半個分二五cc程度を追加するとよいだろう。勿論、これはあくまで基準であるから好みで勝手に加えればよい。蜂蜜の添加と同じである。

輸入レモンにはOPP（オルトフェニールフェノール）という毒性の強い防黴剤が塗布されていて恐ろしいという人、日本の果樹園芸をぶちこわすアメリカ産のレモンを使うなど胸クソが悪いという人は国産のスダチ、カボス、ダイダイ、ユズ、夏ミカンなど酸柑類のしぼり汁をここで大活用すべきである。また、リンゴをすりおろし、これを布でしぼった汁を加えても素晴らしい。但し、リンゴ汁を加えたときはミードのアルコール分はその分、薄くなるから必ずただちに冷蔵しないと、再び発酵が始まったり（もっとも、こうなったものもわずかに炭酸ガスを含んで、さわやかで美味しい）、表面に有害菌のうすい菌膜が生じて酸臭が出たりするので注意が肝心である。

第三のタンニンのことはもう、この際はあまり考えずに我慢することにしよう。以上は前項で手造りした最もプリミティブなミードの味の二次的改良であったが、この初歩的で素朴なミードも実は酒の手造り技術の第一ステップとして大いに有意義である。何故ならばそれはこのミードつくりでパン用のドライ・イーストが眠りから目覚めて非常に活性化したからである。

分離したオリはおよそ五〇ccほどのねっとりとした泥水状を呈している。ここにレモン汁半個分をしぼり込み、よく振りまぜたのち、小びんに入れ、密閉して一晩冷蔵すると上澄みと沈澱にわかれる。この上澄みを傾瀉して捨て去り、下の沈澱にもう一度、半個分のレモン汁を加えて再び冷蔵する。これは蜂蜜を発酵させたことで活性化したイーストをレモン汁で洗ったことになり、次のステップのミードのバリエーションをやるときに非常に役に立つのである。さてこうしてプリミティブなミードの二次的改良が終り、活性化したイーストも得られたところで、いよいよ本格的なミードの最終ステップである。

ミードの最終ステップ

前回の蜂蜜は二五〇グラムだったところを三〇〇グラムにふやし、これを水で一リットルにするのだが、この際、酵母がすこやかに増殖し、健全な発酵を行わせるためには、そして美味しいミードが

第3図　酵母と温度との関係

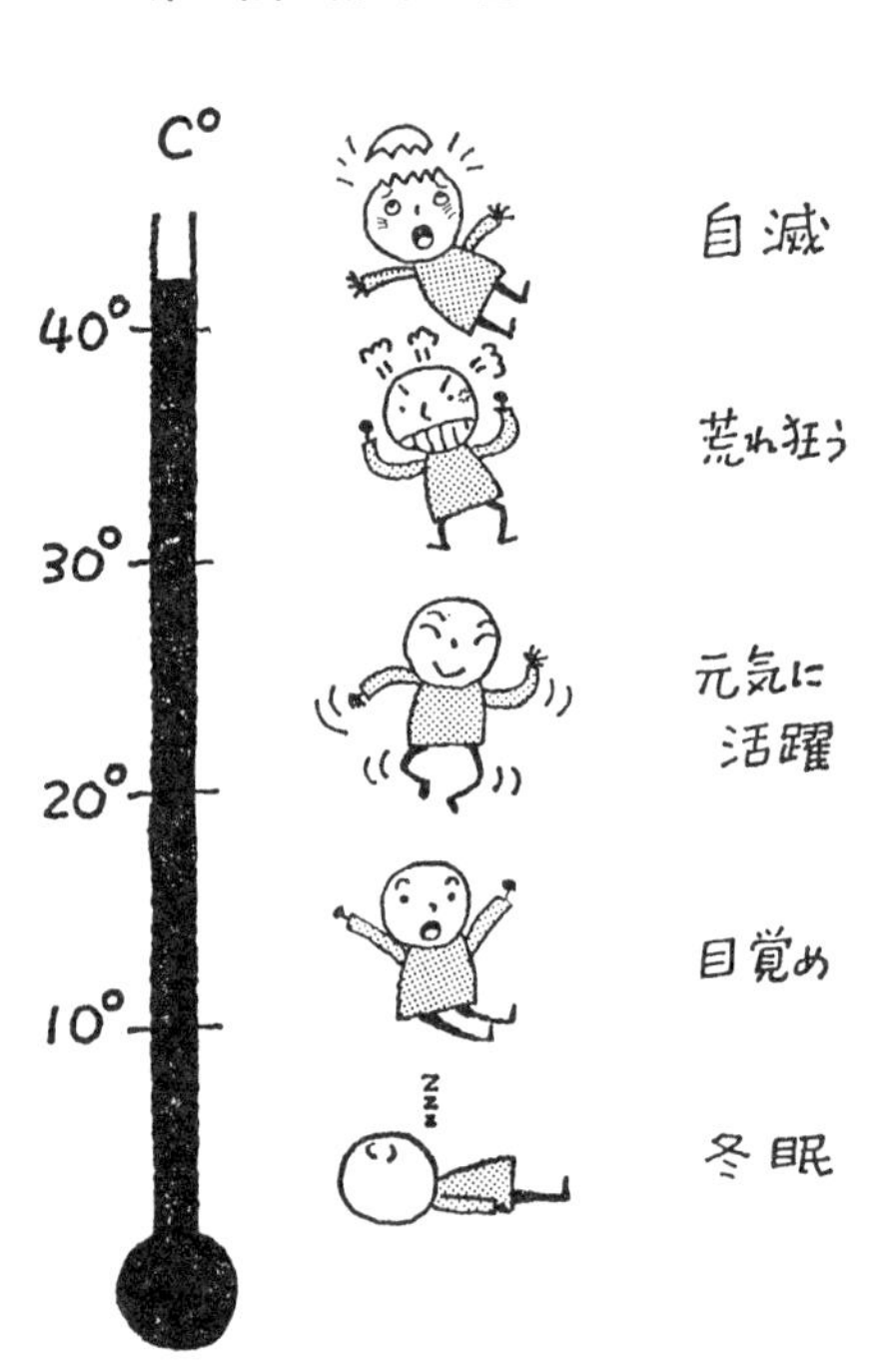

出来るためには次のようなさまざまな条件がととのわなければならない。

このステップでは前項で述べたものよりも蜂蜜の量がふえ、その分、濃くなっているので発酵を健全に行わせるためには、まず温度管理が必要である。酒をつくる微生物・酵母の増殖および発酵の適温は一八～二六度Cのあいだにある。そして理想的には二一～二四度Cである。

温度が高過ぎると発酵が進み過ぎ、酒質が荒くなり、そのあげくに高温では酵母の死滅率は高まり、四五～五〇度Cに達すると、遂には全滅してしまう。低過ぎると増殖が遅れ、遂には休眠状態に入ってしまう。

エネルギー源としての糖はこの際、蜂蜜の量を二五〇グラムから三〇〇グラムにふやしたので、充分である。そこで次に考えなければならないのは糖質以外の栄養分である。

それは窒素、燐酸、加里、石灰、苦土といった、肥料の要素（私達にもミネラルが必要なように酵母にとっても不可欠なのである）とビタミンである。このため、燐酸アムモニウム、燐酸加里、燐酸石灰、硫酸苦土などの無機塩類とビタミンB_1が欲しいところである。このためには第1表のような配合で酵母の栄養剤を配合しておき、蜂蜜を水でうすめるときに加えてやれば完璧である。これらは化学薬品店で容易に入手出来るから「特級規格」と指定して購入すればよい。ビタミン剤は薬局で買えるビタミンB_1の錠剤を使用する。その量は水一リットルにつきB_1一ミリグラムが基準量となる（例えばアリナミン25は一二〇錠入りで二〇〇〇円程度で、一錠中にB_1は25ミリグラム含まれているから、それをくだいて二五分の一＝目分量でよい＝を一リットルの水に加えればよい）。

第1表　ミードのための酵母栄養剤

燐酸アムモニウム	200g	まぜあわせてつくっておく
酸性燐酸石灰	50g	
塩化加里	30g	
硫酸苦土	20g	
計	300g	

1 lに対して，茶さじ半分（2.5g）を使用

もっと野性的にやりたいという人、自然食品により近づきたいという人は小麦胚芽、または米ヌカを五〇グラム、布袋に入れ、水五〇〇cc中で抽出し、一〇〇cc程度まで煮つめたものを、蜂蜜を水でうすめる際に加えればよい。

蜂蜜には酸味が不足している。前項で紹介したイギリスの素人ワイン製造者出版の『メイキング・ミード』では酸味剤として、リンゴ酸、酒石酸、クエン酸などの使用が必要としており、特にリンゴ酸二、酒石酸一をまぜたものをミード用混合酸味料として、一リットルについて四・五グラム程度使用することをすすめているが、日本人の好みとしては、この半量、すなわち、

茶さじ半分（二・五グラム）程度を一リットルに加えればよいであろう。これら酸味料は化学薬品店、薬局、食品添加物店、製菓材料店などで入手出来る。蜂蜜に酸味をつけるということは味以外に有害菌の繁殖を防ぐ点からも必要である。

ただ、自然食品的にやりたいという人はレモンまたはカボス、スダチ、ダイダイなど酸柑類のしぼり汁を用いれば結構である。その量は一リットルに対し、レモン半個分が標準である。

渋味をつけるためのタンニンは化学薬品店、薬局などで「タンニン酸」または「ブドウタンニン」（ブドウからとった渋味剤）を購入し、一リットルに対し、〇・四グラム添加するが、紅茶で充分代用することが出来るし、紅茶を使った方が自然で健康食品的であろう。

紅茶のティーパック一袋を少量の湯で濃く煮出し、この煮汁を蜂蜜に加え、水で一リットルにすればよい。紅茶またはタンニンを加えると、蜂蜜のミネラル分中の鉄分と結合して、タンニン鉄が生じ、液の色が一時的に黒ずんでくることがある。この黒変物は最終的にはオリとなって沈澱してしまうので一向に差支えはない。

さて、最終ステップの最後に、ドライ・ミードとライト・スイート・ミードにふれよう。俗に言えば、ミードの辛口と甘口である。

ドライ・ミードのつくり方

仕込配合　一リットル当り

蜂蜜三〇〇グラム　ミード用混合酸味料二・五グラム

タンニン酸〇・四グラム　酵母栄養剤二・五グラム

以上を水で一リットルにし、イーストを加える。ドライ・イーストの場合は茶さじ半分程度を加えるが、活性化した泥状の生イーストを茶さじ一杯加えてもよい。混合酸味料はレモンなど酸柑類のしぼり汁に、タンニン酸は紅茶の煮だし汁に、酵母栄養剤は小麦胚芽または米ヌカの煮出し汁に代えてよいことは、すでに述べた通りである。発酵が終了したら、オリびきをして冷蔵する。

ライト・スイート・ミードのつくり方

仕込配合　一リットル当り

蜂蜜三〇〇グラム　ミード用混合酸味料二・五グラム

タンニン酸〇・四グラム　酵母栄養剤二・五グラム

以上を水で一リットルにし、イーストを加えて発酵させるところまでは常法どおりに進めればよいが、注意するのは最終的に甘口にする技術である。このためには、しょ糖計という浮秤（比重計の一種）または比重計をうまく使いこなさなければならない。このような浮秤を使うようになれば手造りの酒も技術的にプロの道を進み始めたことになる。しょ糖計も比重計も理化学機器の販売店で簡単に入手出来る（入手先は二三七ページ参照）。しょ糖計と比重計の関係は第2表のとおりである。

ミードの発酵がそろそろ終りに近づいてきたならばシリンダーにミードを採取し、しょ糖計（また

第2表　しょ糖計示度と比重（計）との関係

しょ糖計	比　重（計）	しょ糖計	比　重（計）
0°	1.000	12°	1.048
1°	1.004	13°	1.052
2°	1.008	14°	1.056
3°	1.012	15°	1.060
4°	1.016	16°	1.064
5°	1.020	17°	1.068
6°	1.024	18°	1.072
7°	1.028	19°	1.076
8°	1.032	20°	1.080
9°	1.036	21°	1.084
10°	1.040	22°	1.088
11°	1.044	23°	1.092

①正確に言うとしょ糖計はブリックス計とボーリング計の二種があるが，測定温度のわずかの差なので，省略した。手造り酒ではそれほどの精度は不要である。
②しょ糖計の測定温度は浮秤に指示されているので，その温度にしたがうこと。通常20°C である。
③しょ糖計の場合は，液汁の中に計器を差込み，示した目盛が糖度を示す。比重計の場合は，例えば比重が1.048を示せば，上表から糖度が12度であることがわかる。

第4図　しょ糖計（左）と比重計

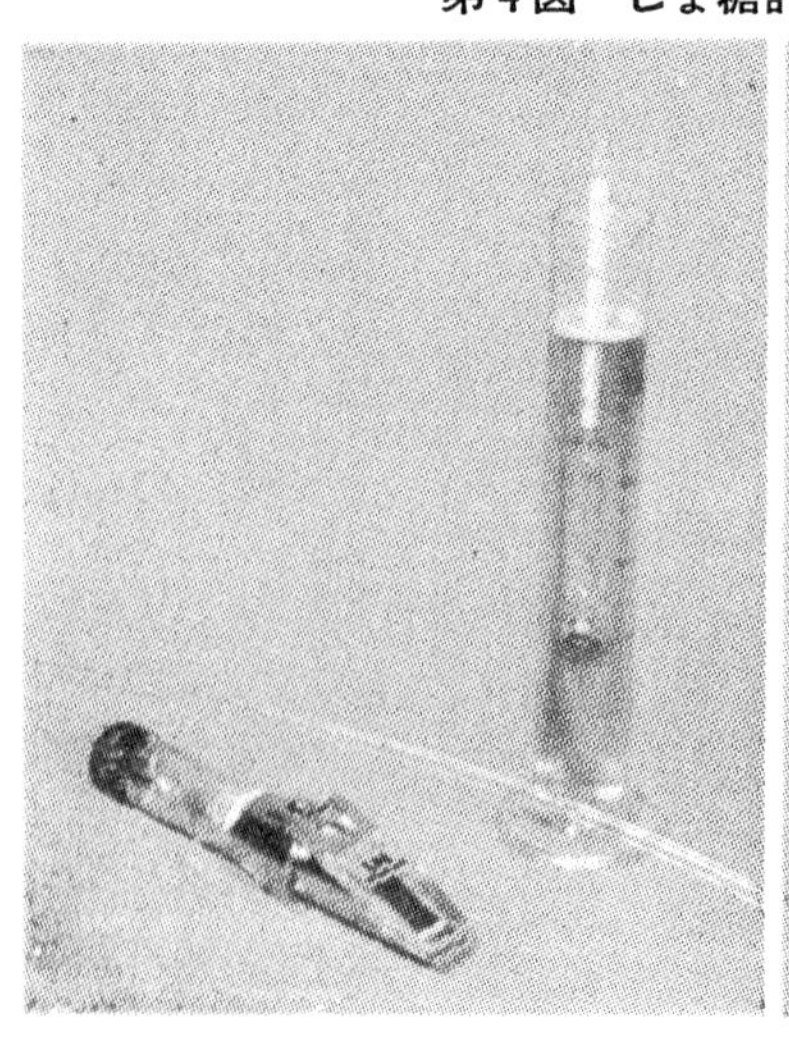

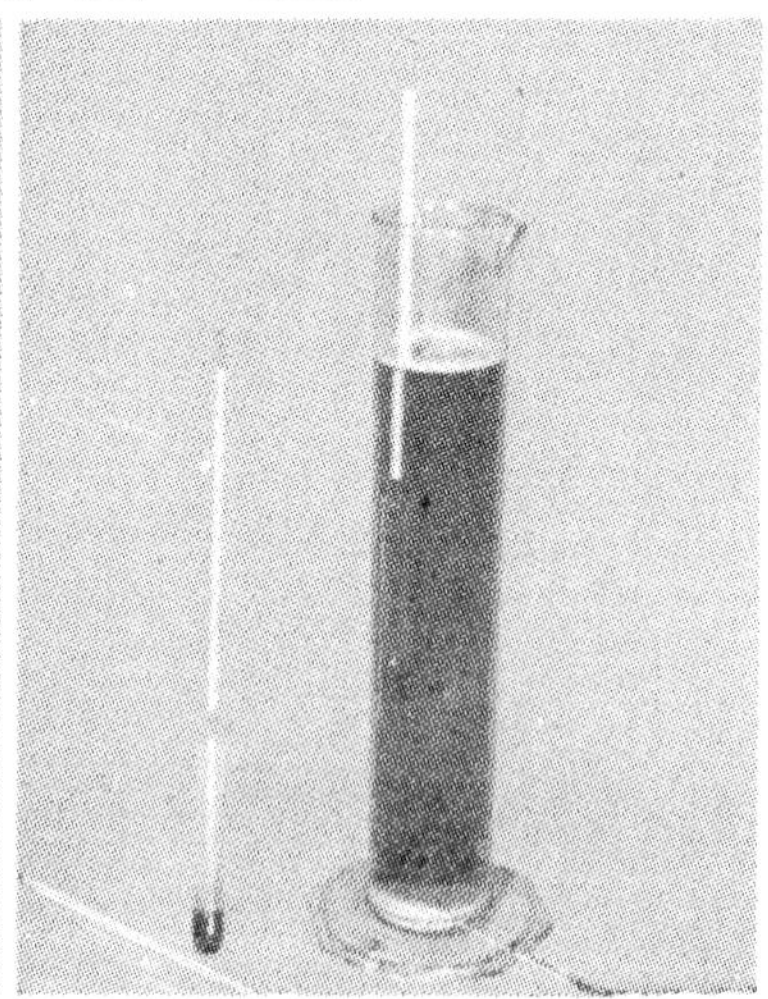

は比重計）を浮べて、液面の目盛を読むのである。発酵の最初のうちは高い目盛を示していたものが発酵が進むにつれて、目盛の数字は次第に少なくなってくる。これは糖分がアルコールに変って次第に液の比重が軽くなってきたからである。しょ糖計の目盛で五、比重計の目盛で一・〇二〇になったならば、ここで、びんの底に沈澱している酵母の一回目のオリびきを行うのである。次に、しょ糖計の目盛で三、比重計ならば一・〇一二になったとき、さらに沈澱のオリびきを行う。そして、ミードを小びんに移し、冷蔵庫に入れて完全に冷やしてしまうのだ。これで発酵はストップしてしまうから、一ヶ月ほど冷蔵し、さらにびん底に沈澱したオリ（活動を停止した酵母）を傾瀉して除いてしまう。さあ、これでライト・スイート・ミードの誕生である。だがこれでは甘味が不足、もう少し甘いものが欲しいというお方は、ここで蜂蜜を追加してやればよい。

第5図　しょ糖計の使い方

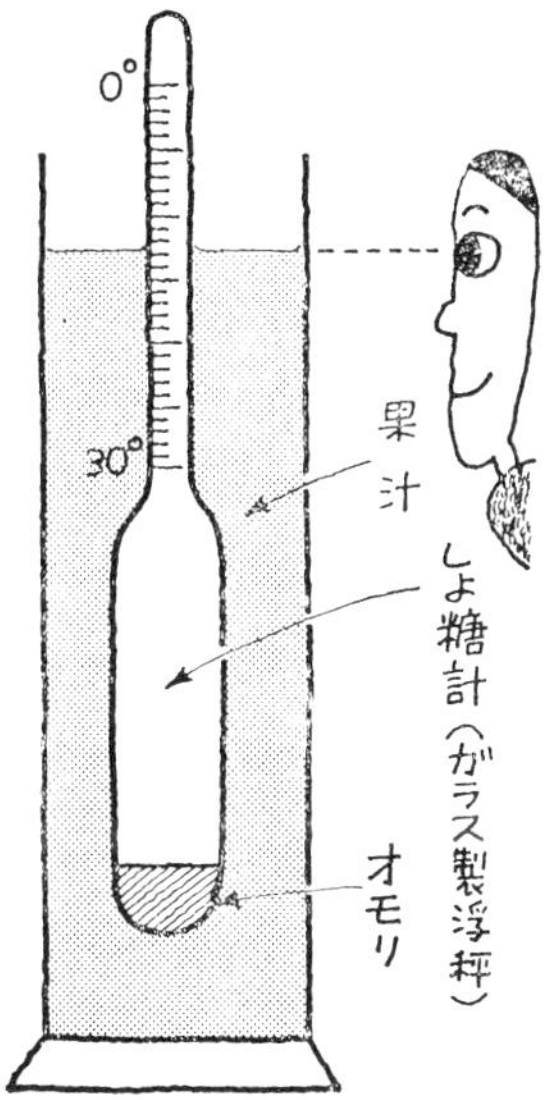

この項のまとめ

発酵の終了したミードはオリびきをせずに、よく振って、底に沈澱した酵母をミード全体に均一に浮游させてから小びんに分注し、そのまま冷蔵してもよい。これは飲むときによく振って濁ったものを飲用するのだ。こうすると活性度の高いフレッシュな酵母をミードとともに飲用することになり超健康飲料となること請けあいである。市販の酵素飲料など馬鹿ばかしくなってしまう素晴らしい飲物だ。

ミードは必ず冷蔵庫に貯蔵する。よく冷やして飲んだ方がなまぬるいものを飲むよりもはるかに美味しいからである。それに熱酒びん殺菌などして、せっかくのビタミンを破壊してしまうことはないからである。趣味の手造り酒は市販の酒のようにあちこちに流通させるものではないからだ。市販の酒では得られぬ、そんな価値が手造りの酒のよさなのである。

オリびきした薄い泥状の酵母は活性度の高い素晴らしいパン酵母として活用出来る。砂糖の代りに蜂蜜を使い、常法にしたがってパンつくりをすればハネムーン・ブレッドとでも名付けたいようなパンが出来上る。これは蒸し上げてよし、オーブンで焼いてよし、フライパンでグリルしてよし、自由自在である。

ミードは蜂蜜の種類をかえることによって、さまざまな香気のミードを楽しめる。ミカン、レンゲ、クローバー、アカシヤなど最近では日本でも、さまざまな花の蜂蜜が売りだされている。ミードはやさしく楽しい酒つくりである。

第二章　ミードからハニーワインへ

酒とは——酵母の働きの不思議さ

この章では、私達になじみのないハニーワインつくりの教程にすすむ。だがその前に、酒——この霊妙な飲みものについてもう少し理解を深めておこう。

酒とは私達にとって一体何だろう。それは一言でいって「酔わせる」飲物だということではないだろうか。酒だけが持ち、他の飲食物にはない属性となれば、それは「酒精（アルコール）」に決っているし、それだからこそ、私たちは太古から、この不思議な飲物をいとおしみ、大切にし、「神々からあたえられた糧」として守り、育ててきたのである。

酒は穀物、くだもの、糖質原料（さとうきび、蜂蜜）、根茎類（甘藷、馬鈴薯）、乳などを原料としてつくりだされる。だが、これらはそのままでは決して酒ではない。これらが酒に変わるまでには霊妙なプロセスをいくつか通過しなければならない。その場合、最も重要な役割を受け持つのが「酵母」という大きさ一ミリの二〇〇分の一前後の微小な微生物である。

この微生物「酵母」はサッカロミセスという学名で分類される。サッカロはラテン語で糖分のこと、すなわち、サッカロミセスは糖分を主要な栄養分として繁殖する一群の微生物の学名である。酵母は糖分を自分の微細な細胞の中で分解し、そのエネルギーを利用する。この際、酸素のない状態に酵母が置かれると、酵母は糖分を不完全に分解し、糖分は炭酸ガスと酒精になる。この結果生じたものが「酒」である。そしてこの酒精が酒の本質的な主成分となる。

ブドウの甘ずっぱい果汁やうすめた蜂蜜に酵母が増殖すると糖分は炭酸ガスと酒精に変る。液はふつふつと泡をたて、甘みは消えて、酒に変ぼうする。これを飲むと私達は不思議な酔いの世界をさまようことになる。

酵母は糖類がないと酒精発酵を起さない。また、糖分だけあっても、これが粉末やかたまりの状態だったり、濃すぎたりしたのでは発酵を起すことは出来ない。糖分が水で適当な濃さにうすめられて存在しなければ酒にはならない。

蜂蜜は素晴らしい糖質の液体である。だが、蜂蜜のままでは濃厚すぎて酵母が繁殖出来ず、うすめ過ぎて糖分が少なくなり過ぎては生じたアルコールが酵母以外の微生物のえじきとなって消えてしまう。これらのことはすでに述べたとおりである。

ブドウは人類のためにワインをつくる原料として神々があたえたもうた果実だといわれる。ことほどさように、ブドウは太古から現代に到るまで、そして未来になっても、酒をつくるのに最も適した果実だった。このワインについては次の中級篇でくわしく述べよう。

ところで、清酒やビールなどの原料になる米や麦には糖分がほとんどない。そして水分も非常に少ない。主成分は澱粉である。澱粉はご承知のとおり、何百、何千というブドウ糖の分子が鎖状に結合して出来た物質である。

米や麦が穀粒のままでは勿論、酒になるはずがないし、米や麦に水を加えて、炊いて、おかゆのような状態にしても、そのままでは決して酒にはならない。米や麦や高梁のような穀物から酒をつくるにはまず、主成分である澱粉を、酵母が利用出来るような甘い糖分の形にまで澱粉を分解してやることが必要である。

東洋のモンスーン地帯は高温多湿でカビが生えやすい。東洋の諸民族はこのカビのもつ糖化酵素を澱粉の糖化に応用することを考えついた。乾燥した風土でカビの生えにくいヨーロッパではカビの代りに麦芽の中に生ずる糖化酵素を用いて澱粉を糖化させた。穀物を蒸煮し、これにカビや麦芽を加えてやると澱粉は糖分に変ってゆく。この糖分を酵母が酒にする。ビールや清酒や中国の黄酒はこうしてつくられた。

だが、このような工程を人類が見つけだしたのは、人間がまず農耕を始めて、穀物をつくり、たくわえるようになってからのことである。蜂蜜やブドウからつくるミードやワインのように野生のものを集めさえすればたちまち酒にすることの出来るような簡単なわざではなかったのである。したがってミードやワインは人類の酒の歴史の中で最も古いものだということが出来る。神々の酒だというのはそんなところからである。

私達の遠い先祖たちが神々から与えられ、そして「酒」と呼び、私達がこれを発展させた不思議な飲物は原則的には昔も今も全く変らぬ方法でつくられている。現代の科学は石油や石炭から酒精を合成することを可能とした。しかし、この合成酒精から酒をつくることはどこの国でも禁じている。私達人間のこころの故郷ともいえる「酒」は「地のめぐみ、天のめぐみ」である農産物から、酵母の力を借りて創りだされたものでなければならないのである。趣味の手造りの酒もメーカーがつくる酒も変りはない。

このように考えてくると一番簡単に酒にかわる「天のめぐみ」は果実と蜂蜜であったことがよくわかる。だが、きびしい冬がかけ足でやって来る北の国々では果実もままにならない。寒さが果樹の栽培をはばむからである。そこで蜂蜜は北国の人々にとって最も古く、最もなじみ深い「酒にかわる天のめぐみ」となった。蜂蜜の酒・ミードが北欧神話の神々の主要な酒となったのはそのためであった。さて、ハニーワインへの教程にすすもう。

▨ミードからハニーワインへ

ミードは蜂蜜だけのシムプルな発酵酒だ。時代が進展するにつれて、人類は蜂蜜だけでつくるミードではあきたりず、蜂蜜にさまざまな別の原料を加え、発酵させてつくる酒を考えだすようになった。

これらは蜂蜜に薬草で味つけしたものもあるが蜂蜜と果実とを結びつけたものが多い。すなわち、蜂蜜と果実とが結婚をして、ミードがハニーワインに進化したものと言えるだろう。

そのような酒は蜂蜜と結婚させる相手によってメロメル、メテグリン、ヒポクラス、ピメント、シイサーなどと名前をかえる。安直に家庭でミードとはひと味ちがった酒の手造りが楽しめるという点で入門篇にふさわしい酒である。

ごく安直なところではクイーン・エリザベス・ミードとエール・ミードがある。

クイーン・エリザベス・ミードは第一章で述べたように常法によってドライ・ミードまたはライト・スイート・ミード（三二ページ参照）をつくる。出来上ったミードの中に薬草としてローズマリー、ベイリーブス、タイム各三グラム、ナツメッグ一・五グラムを洗い晒した白布につつんで浸漬し、数ケ月、そのまま冷蔵したのち、この包みを引き上げれば完成である。薬草は大きな食料品店、スーパー、デパートの食料品売場のスパイス売場で売っている。

日本的にやるならば正月の屠蘇（とそ）散の一包を浸漬させればよい。さしずめ、こちらはプリンセス・ミ

第6図　エール・ミードのつくり方

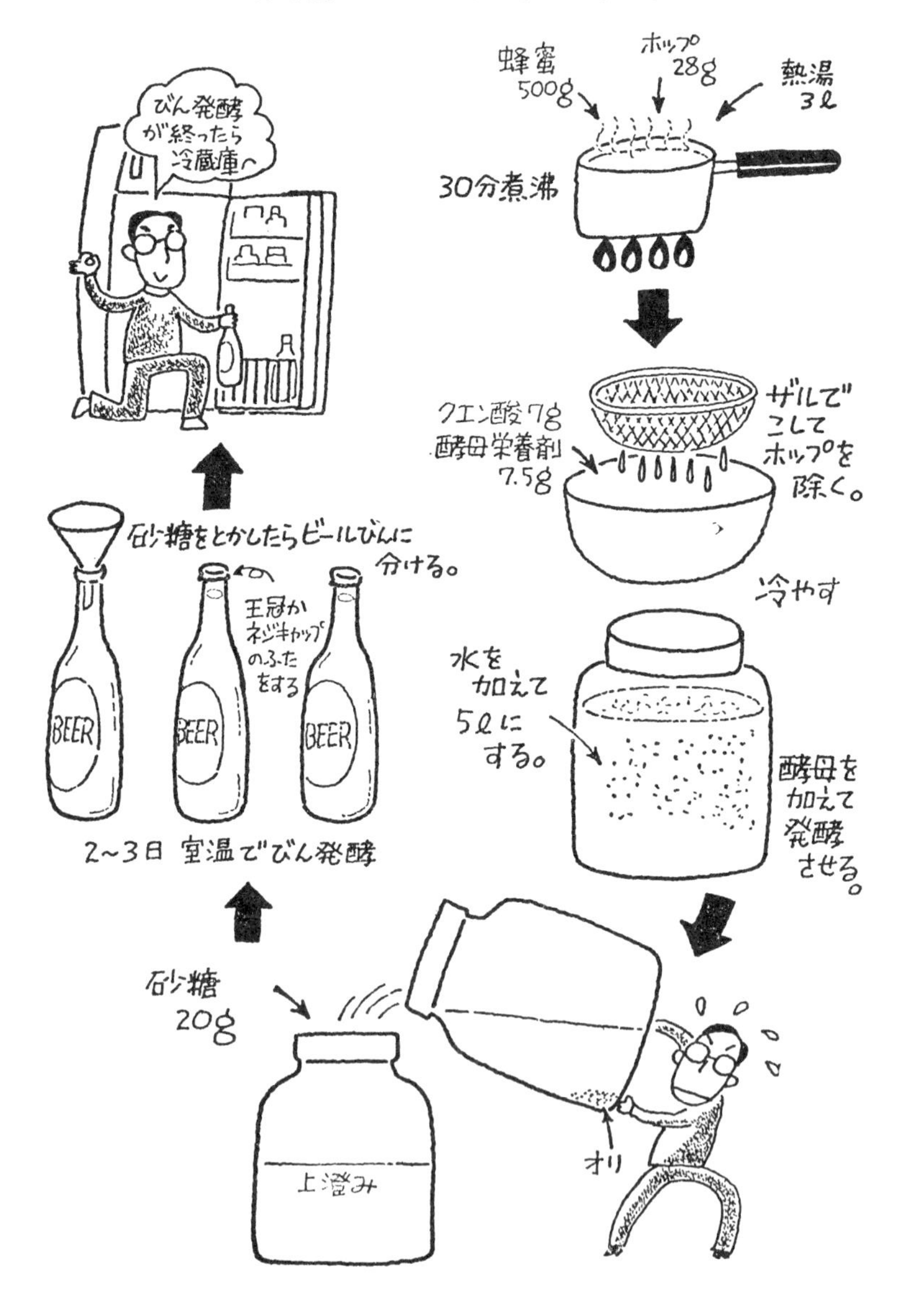

チコ・ミードとでも名付けようか。

エール・ミードはミードの生ビール風といったところである。蜂蜜五〇〇グラムとホップ二八グラム（乾燥させたもの、野性ホップ＝カラハナソウでもよい）に熱湯三リットル程度を加えて三〇分程度煮沸させたのち、ホップを取りのぞき、クエン酸七グラム、酵母栄養剤（三一ページ参照）を加え、そのまま放冷し、完全に冷えたところで水を加え、全量を五リットルにしたのち、酵母を加え、発酵させ、発酵が終了したところで常法にしたがってオリびきし、四・八リットル程度の上澄み液をとる。この上澄み液に砂糖二〇グラムを加え、とかしたのち、ビールの大びんに分注し、しっかりと王冠を打栓し、二～三日、室温でびん内発酵を行ったのち、冷蔵し、よく冷えたら出来上りである。びん内発酵のために追加した砂糖の量は必ず、この量を守ること。多過ぎると圧力が強くなって、びんが破裂することもあるから注意しなければならない。

このびん内発酵は次の中級篇のシャムパン（スパークリングワイン）つくりでも、高級篇のビールつくりでも避けて通ることの出来ない技術だから、ここで手ならししておくとよいだろう。また、簡単な打栓機は趣味の酒の手造りでも是非とも用意したい器具のひとつである。びん内の酵母の除去は困難なので、活性酵母入りのにごったままの生のエール・ミードでがまんすることにしよう。活性酵母が飲めるので市販品では味わえぬ健康飲料となる。

酒の手造りが大っぴらに行える欧米では手造り材料店でホップが手軽に入手出来るが、わが国のような手造り後進国ではそうはゆかない。ホップ栽培が北海道、山形、岩手、青森、福島、宮城、秋田、長野、山梨などで行われているから、わけて貰うか、自ら栽培するしかなさそうである。ホップの野生種も和名をカラハナソウといい、北海道、東北、関東、中部地方などの日当りのいい山地でササ、イバラ、ヌルデなどにからみついて自生する。この花を使って醸造すれば、日本特産のエール・ミードが出来上る。どうか、ビールの入門篇として一度ためしていただきたい。

ともあれ、ホップは高級篇のビールの章にまかせて、ここはショウガのスライスを煮出して新しいタイプのビール風低アルコール飲料をつくりだすのもいいだろう。

ハニーワインの代表・メロメル

欧米でメロメルと呼ばれている手造り酒もハニーワインの代表選手である。メロメルは、乾燥果実（アプリコット、レーズン、デーツ、プルーンなど）、果汁（ストレートまたはコンクのピーチ、オレンジ、パイナップル、リンゴ、ブドウなど）、缶詰（パイナップル、ナシ、モモ、オレンジ、ライチーなど熱帯果実）、野生の果実（木苺、グズベリー、ラズベリー、ブルーベリー、スグリ、山ブドウなど）、それに、おりおりの季節の果実と言うまでもなく蜂蜜とを結婚させたものである。

身近な材料がたちまち酒に変ずるところが面白い。例えば私たちの身のまわりにある乾ブドウ、オレンジジュース、グレープジュース、モモの缶詰、新鮮な果物、たとえば西瓜、いちご、青梅、リン

第7図　これらがすべて酒になる

ゴ、カキなどなどがすべて酒になるのである。そればかりではない。ジャムもマーマレードも、そして最近はやりだしたフルーツソースなども絶好な材料となる。

こう申し上げて、その中に青梅などが入っていると読者諸君の中には焼酎漬けの所謂「家庭の果実酒つくり」と思い込む方がいるかも知れない。だが誤解しないでいただきたい。メロメルは焼酎漬けの果実酒（最近は二級ウィスキーや二級ブランデーまでも果実酒つくりに乗りだしてきたが）のような馬鹿ばかしいものではない。焼酎漬け、ウィスキー漬け、ブランデー漬けの果実酒なんて、酒の中に果実と砂糖をほうり込むだけで出来てしまう。焼酎や洋酒の販売のお先棒かつぎのようなもので、馬鹿でもチョンでも出来るものだ。ミードにはじまるハニーワインはそれよりもはるかに複雑で素晴らしいものである。なにしろ、アルコールを創りだすものだからである。発酵によってアルコールをつくりださせるにはそれなりの技術が必要である。酒のメーカーと肩をならべることである。考えようによればメーカーがつくることも出来ないものをつくることである。メーカーに差をつけることだ。頑張って欲しい。

すでに述べたように酵母によるアルコール発酵は微妙なものである。糖分が多過ぎると発酵が遅れたり、中途で停止してしまったり、糖分が少な過ぎればアルコールの出方が少なく、酒としては面白味がなく、また、腐敗しやすい。

そこで、どんな具合に原料を配合し、水をどのように加えるかが果実（および果実の加工品）と蜂蜜との結婚では最重要なポイントとなる。コツはここにある。基本的には糖分が二四％になるように、果実（またはその加工品）と蜂蜜と水の配合を決めればよいのである。この場合、蜂蜜の糖分は八〇％。果実（またはその加工品）の糖分は第3表による。なお、果実およびその加工品の処理法も第3表を参照していただきたい。ここでは西瓜のメロメルを例にして実際のつくり方を述べよう。

西瓜のメロメルつくりの実際

実の部分を目の荒い布でしぼり、西瓜の果汁五〇〇ミリリットルが得られたとしよう。糖分が二四％に達しない果実の場合、二つの方法がある。

その一つは水を加えず、蜂蜜だけで糖分を二四まで上げる方法、もう一つは水で量をふやした上で、蜂蜜で糖分を二四まで高める方法である。計算のすじ道をはぶくが、前者の場合、蜂蜜の比重を一・四とみて計算すると、蜂蜜のおおよその必要量は次の計算式で算出することが出来る。

水を加えない場合　(24－果汁糖分)×果汁量÷63

すなわち、この場合は果汁糖分が五％、果汁量が五〇〇ミリリットルだから、(24－5)×500÷63で、蜂蜜の必要量は一五一グラムとなる。

もう一つの後者の場合、この五〇〇ミリリットルの西瓜の果汁を水と蜂蜜で一リットルにふやして、メロメルをつくりたいときは次の公式によって蜂蜜の量を計算することが出来る。

水を加えて一定量にする場合　〔24(％)×ふやしたい量(mℓ)－果汁糖分量(％)×果汁量(mℓ)〕÷80

この場合、ふやしたい量が一〇〇〇ミリリットル、果汁糖分量が五％、果汁量が五〇〇ミリリットルだから、

(24×1000－5×500)÷80　で二六八グラムとなる。

すなわち、西瓜の果汁五〇〇ミリリットルに蜂蜜二六八グラムを加え、水で全体を一リットルにすればよい。

酸味の少ない果汁、例えば西瓜のような場合の酸味の補充は第一章のミードで述べたようにレモンなど酸柑類の果汁か、クエン酸、リンゴ酸、酒石酸などを用いればよい。酵母の栄養剤もミードに準ずればよろしい。

青梅のような酸味が強く、果汁のしぼりにくいものはどうしても水と蜂蜜で量をふやしながらつく

標準糖分量と下ごしらえ

ジャム類	糖分量(100g中のg数)	下ごしらえの方法
いちご	72	熱湯にとかしてさまして用いる
あんず	65	
ぶどう	72	
リンゴ	68	
フルーツソース類	**糖分量(100g中のg数)**	**下ごしらえの方法**
ストロベリー	36	熱湯にとかしてさまして用いる
ブルーベリー	40	
レッドサワーチェリー	38	
ラズベリー	40	
缶詰類	**糖分量(100g中のg数)**	**下ごしらえの方法**
みかん	17	そのままミキサーにかけるかすりつぶす
あんず	28	
さくらんぼ	18	
パイナップル	21	
リンゴ	13	
乾燥果実類	**糖分量(100g中のg数)**	**下ごしらえの方法**
ぶどう	70	冷水で洗ったのち水切りし，大きいものは細かく切り，熱湯中に放置し，冷めるのをまって用いる。
いちじく	50	
あんず	57	
アプリコット	57	
プルーン	40	
デーツ	64	
かき	58	

第3表 果実とその加工品の

生鮮果実	糖分量(100g中のg数)	下ごしらえの方法
あんず	13	種子をとり，ミキサーにかける
いよかん	10	皮をむき，しぼり果汁をとる
いちじく	14	皮をむき，つぶす
いちご	7	ヘタをとり，つぶす
うめ	7	種子をとり，細かくきざむ
かき	16	皮をむき，種子をとり，つぶす
さくらんぼ	12	果梗と種子をとり，細かくきざむ
すいか	5	実の部分を目の荒い布でしぼる
なし	9	皮をむき芯をとり，ミキサーにかける
パイナップル	12	皮と芯をとり，ミキサーにかける
バナナ	22	皮をむき，すりつぶす
パパイヤ	11	皮と種子をとり，すりつぶす
びわ	10	皮と種子をとり，すりつぶす
もも	9	皮をむき，種子をとり，つぶす
ネーブル	10	皮をむき，しぼり果汁をとる
なつみかん	9	皮をむき，しぼり果汁をとる
メロン	6	皮と種子をとり，つぶす
みかん	10	皮をむき，しぼり果汁をとる
リンゴ(国光，紅玉)	10	芯をとり，ミキサーにかける
リンゴ(インド，デリシャス)	14	芯をとり，ミキサーにかける
レモン	8	皮をむき，しぼって果汁をとる
ジュース類	**糖分量(100g中のg数)**	**下ごしらえの方法**
みかん(ストレート)	13	そのまま用いる
ぶどう(〃)	12	そのまま用いる
リンゴ(〃)	12	そのまま用いる
みかん(濃縮)	52	水でうすめて用いる
ぶどう(〃)	52	水でうすめて用いる
リンゴ(〃)	52	水でうすめて用いる

らないとだめである。

リンゴ果汁に蜂蜜を加えて発酵させたハニーアップルワイン（アップル・メロメル）はイギリスでは特にシイサーと呼ばれている。健康食イメージの強い、素晴らしい酒が出来る。

▨ジャムもコンクジュースも酒になる

コンクジュース、ジャム、フルーツソース、乾燥果実類は勿論、このままでは発酵しない。糖分が高過ぎるためだ。水を加え、うすめ、水をなかだちにした上で蜂蜜と結婚させることが必要である。最近流行のフルーツソースは絶好のハニーワインのベースとなる。カルピス食品工業のフルーツソース四種（ブルーベリー、ラズベリー、レッドサワーチェリー、ストロベリー）を使ったら美味しいハニーワインが出来た。

例えばブルーベリーのフルーツソースは糖分四〇％、一びん二〇〇グラム。これを一びんそっくり使って一リットルのハニー・ブルーベリーワインをつくることにしよう。

糖分八〇％の蜂蜜をどれだけ使ったらよいだろうか。その量をxグラムとすると次の方程式が成立する。これからxをとけば二〇〇グラム。

$$40(\%)\times 200(g)+80(\%)\times x(g)=24(\%)\times 1000(g)$$

$$x=200(g)$$

五〇〇グラムほどの熱湯でブルーベリー一びんをとかし、びんの中身をすっかり洗い出したのち、この中に蜂蜜二〇〇グラムをとかし、放冷後、水を加えて全量を一リットルにすれば出来上り。あとは常法どおりの発酵を行えばよい。糖分のまだ残っている発酵途中のものをよく冷やして飲むと実に美味しい。ただし、このときはびんの栓をかたくしてしまってはいけない。炭酸ガスの逃げ場所がないので、栓をとると猛烈に発泡し、中身がふきこぼれて、元も子もなくなってしまうからご用心。

乾燥果実も同じ要領でハニーワインとなる。例えば乾あんず二〇〇グラムを用いて一リットルのあんずのメロメルをつくることにしよう。乾あんずの糖分は第3表で五七％だから、蜂蜜の量をxグラムとすると次の方程式が成立する。

$$57(\%)\times 200(g)+80(\%)\times x(g)=24(\%)\times 1000(g)$$

$$x=157.5(g)$$

二〇〇グラムの乾あんずを水洗いし、細かくきざんで熱湯五〇〇ミリリットル程度を加え、蜂蜜一五七・五グラムを加え、冷えるのをまって、水を加え、全量を一リットルにし、酵母を加えて発酵させる。泡の状況を見ながら、毎日、一回、液面に出来る粕のふたをよくまぜてやる。発泡が静まってきたら、粕をしぼり、さらに発酵を続け、オリびきをして出来上りである。

▨ピメント、ヒポクラス、メテグリン

最後にピメント、ヒポクラス、メテグリンについてふれておこう。いずれも蜂蜜が重要な働きをした古代の酒である。古代史を飾るギリシャ、ローマではブドウからつくられるワインが彼等の民族の酒であった。ギリシャもローマも彼等の移住するさきざきで、ブドウを植え、ワインをひろめていった。さらに彼等はブドウ果汁に蜂蜜を加えることでアルコール分の高く、しかも甘味のゆたかな酒をつくり、それをピメントと呼びならわした。今日で言えばハニー・グレープ・ワインである。

さらに医薬の父と呼ばれるヒポクラテスにちなんで、ピメントにさまざまな薬草を加えて、薬効のあるハニー・グレープ・ワインがつくりだされ、ヒポクラスと呼ばれるようになった。

ブドウ栽培のむずかしいイギリスでは古くから蜂蜜の酒ミードがワインの役割をはたし続けてきた。そしてミードの中にさまざまな薬草を浸漬してつくられたものがメテグリンであった。メテグリンはメディスン。これはウェールズ語でくすりを意味している。ともあれ、蜂蜜は人類の歴史の最も初期の頃から、酒の原料として珍重され、「百薬の長」としての役割もはたしつづけてきたのである。だが今では古代の酒となって消え去ろうとしている。

私達はこの歴史あるさまざまな蜂蜜の酒を復活させることで、手造りの酒を意義あらしめたいものである。

第三章　レモンティーワインのすすめ

▨「紅茶きのこ」の思い出――あなたも酒の密造をしていた？

めまぐるしく変転してゆく当節のことだから、もう記憶にないと言われる方もさぞ多いことだろうが「紅茶きのこ」を思い出していただきたい。四十年代のはじめ頃から、次第に人から人に伝わり、昭和四十八年の十一月、ＮＨＫのラジオ第一放送の朝の番組「趣味の手帳」で紹介されたことがきっかけで全国的に大流行したのが「紅茶きのこ」だった。

紅茶に少しばかり砂糖を加え、よくさまして広口びんに入れ、これに「紅茶きのこ」の種菌を入れておくと、この種菌はむくむくと、きのこ状に成長し、ふわふわと液面に浮かび上るから「紅茶きのこ」だった。きのこと言っても、これを食べるわけではなく、きのこが成長したときの紅茶の方を飲むのである。砂糖を加えた紅茶を補充していれば、ずっと飲み続けることが出来る。

紅茶きのこはまたたく間に日本全国にひろがり、この液を飲んで多くの人々のさまざまな病気が治ったり、健康になったと多くの新聞、雑誌で報道され、『紅茶きのこ健康法』という単行本まで出版されたが、この大流行ははやりの熱病のようにたちまち静まって今ではあとかたもない。

紅茶きのこ全盛のころ、世相評論家はこれを現代のオカルト（神秘現象）だと評した。種菌の具合がよくゆくと、これが怪獣の幼児の如く成長するさまはストレスのたまった現代人にとって宗教以上にオカルト的存在であったかも知れない。そして、これを飲むとポカポカと身体があたたまり、ほろりと酔ったようになる。まさに霊験のあらたかな飲物であった。

これが培養した人から人へ、ねずみ算のようにふえ、日本全国に大流行したのである。そして、その流行が今はあとかたもない。しかし、この飲物はつぶさに検討してみると一時の流行で終らしてしまうには惜しいものを持っていたのである。何故ならば、これこそ手造り酒の原型とも言えるものだったからである。紅茶きのこを飲んでほろりと酔ったようになったのは勿論、アルコールのせいである。大流行の頃は一億総密造をやっていたことになる。そこで、趣味の酒つくりの入門篇の第三章は紅茶きのこの思い出をもう一歩すすめてみようというわけなのだ。

紅茶きのこの微生物学

紅茶きのこの発端はソ連のバイカル湖畔の農村でつくられていた飲物だったと言う。この種菌がひょんなことから日本にもたらされて大流行を生んだ。しかし、この紅茶きのこの種菌なるものはそれほど珍しいものではない。ワインの醸造場などで、アルコール分の低い、酸敗したワインの中に発生することもある。山梨のワインメーカーはこれを「酢なまず」と呼んだ。それはすっぱくなったアルコール度の低いワインの中に現われ、魚類のなまずのようにフニャフニャとただよっているからである。

この小片を砂糖を加えた煮ざまし紅茶の中に入れておくと、まず表面にうっすらと半透明の膜が出来、数日でその膜は乳白色となり、厚みが増してくる。小さな泡がまわりに付着し、いかにも生きているという感じである。それにつれてアルコール発酵のかおりに酢のにおいがいりまじり、これを飲むと、思いだす方も多いと思うが、甘酸っぱいのである。

このクラゲの如きものは酵母、乳酸菌、酢酸菌などのいりまじった微生物の菌叢である。砂糖を少し多目に使ってつくってみると、ブツブツと泡をだして発酵し、そのかおりも酒の醸造場を思わせるようになってくる。これすなわち、紅茶きのこに棲みついた酵母が発酵し、砂糖をアルコールと炭酸ガスに変えているからである。学問的に言えばアルコール発酵を営んでいるのだ。

煮さました紅茶に加えられた砂糖の量は少ないので、酵母が砂糖を食い切って、これをアルコールと炭酸ガスに変えてしまうと、酵母は第一走者の役を終え、次にひかえている菌叢中の別の微生物達にバトンタッチすることとなる。

アルコールに酢酸菌が作用すると、アルコールは酸化されて酢酸に変る。すなわち、酢が出来る。学問的に言えばこれは酢酸発酵である。乳酸菌は砂糖から直接に乳酸をつくる。このような現象が複雑、微妙に入りまじり、あの酸っぱい飲物が誕生し、それにつれて、紅茶きのこの菌叢は大きく育ってゆく。要するに紅茶きのこは大変荒っぽいが、ちゃんとした醸造のテクニックなのである。

紅茶きのこでは健康食品的側面があまりに強調され過ぎてしまったが、これはやり方ひとつでは手造り酢にも手造り酒にも変り得る醸造技術だったのである。

健康のための月刊誌『壮快』にかつて「五十年前、西欧一流学者が研究した紅茶きのこの効果」(昭和五十年十一月号)という一文があり、一九一三年、ドイツの世界的微生物学者ヘンネンベルヒ教授がドイツ的正確さで指導したドイツの「紅茶きのこ培養法」が紹介されていた。それによると――

「熱湯一リットルに紅茶五グラム(茶さじ一杯半)を入れ、更に煮沸する(煮沸は二分ぐらいでよいが、やり過ぎで紅茶が出過ぎてもあとの発酵を妨げることはない)。ガーゼか茶こしでろ過した熱い紅茶をあらかじめ砂糖を五〇グラム以上入れた鍋に注ぎ込む(砂糖は七〇グラムぐらいが飲みやすいかも知れない)。こうして五分間ぐらい放置しておく。この間に砂糖の溶解と滅菌が行われる。念のため、さらに軽く煮沸するとよい。この鍋を冷水(水道水あるいは水温が高ければ氷を入れる)を満した容器に浸し、中身を約三〇度Cぐらいまで冷やす。これに菌を入れる。菌を譲り受けて初めて培養を行う場合には菌量が少ないから、紅茶二五〇ccからスタートする。そして、この液に軽く煮沸して冷やした食酢を茶さじで一杯加える。液を酸性にしておいて雑菌の生育を防ぐのである。

菌体量の少ない最初の培養の場合、紅茶に少量のシェリー酒、ポートワイン、コニャック、ラムあるいはその他の酒を加えるとよい。これによって、酢酸生成が同時に始まることになる。培養容器には広口のガラスびんあるいは陶磁器の壺を使用する。菌は好気性のため、空気が十分に出入りでき、しかも、ホコリや猩々蝿などの侵入を防ぐため、熱湯消毒をした上で乾燥させたガーゼ（二、三枚かさねる）あるいは布きれでびん口をおおい、ゴムバンドなどでしばる。容器は暖かく、暗い場所に静置する。適温は三〇度Cぐらい。容器から液を取りだす場合、次に仕込む予定の液量の約一〇分の一量を容器中に菌叢とともに残しておく。この残液はすでに酸度が強くなっているから、そこに新しい紅茶液を加えるときに最初のように食酢を添加する必要はない。長期にわたって培養を休む場合には容器ごと冷蔵庫に入れておけばよい。一ケ月ぐらいでは菌が死滅することはない。培養に際しては最高の清潔さが要求され、作業前には必ず両手を石鹸でよく洗わなければならない。

容器の底にたまってゆく茶褐色の沈澱物は紅茶の色素を吸着した酵母であるから、別に害はないが月に一度は取り去って容器も洗った方がよい。また炭酸ガスが強く、酸味の少ない飲料にしたい場合は沈澱酵母の除去回数を減らすか、新しい紅茶液をしばしば加えてやればよい」――

ざっと、まあ、こんな調子だが、この紅茶きのこの仕込み手順はこの際、大いに参考になるし、この仕込を手造り酒に切りかえるには何の手間ひまもいらない。

▨レモンティーワインをつくろう

今でも、「紅茶きのこ」大流行のころを思いだし、「あれを飲むと身体がポカポカし、酔ったような気分になった記憶がある」という人が多い。これは砂糖をたっぷりと使い、アルコール発酵だけがうまく進行してしまって、そのため、かえって酢酸菌がアルコールを酢酸にかえるはたらきのほうが遅れてしまったときにおこる現象である。「紅茶きのこ」としては失敗例だが、飲めば酔っぱらう「紅茶きのこ酒」としては完全に成功である。

また長い間、ほうりっぱなしにして、ひどく酸味が強くなってしまい、酢と同じくらいに酸っぱくなってしまった経験のある人も多いことだろう。これは紅茶きのことしては出来すぎで、こうなれば紅茶きのこ酒を通り越して食酢として使える「紅茶きのこ酢」が出来ていたわけである。こうして出来た手造り酢は工業アルコールを原料として大量生産された市販の食酢よりはるかにましである。紅茶きのこをこんな風に酒や酢として活用することを考えた人がいなかったのが残念である。

わが国には酒税法という、強力な力をもった、反憲法的で、横暴な法律がある。この法律はアルコール分一度以上の飲物はすべて酒類なのだと勝手に決めつけて、そのような飲物はすべて酒類製造免許を国から貰った人や会社だけがつくることが出来て、それを買って飲む人は必ず酒税という重税をはらわなければならないと定めているのである。

酒税法はさらに食酢の上にも及んでいる。何故ならば酢をつくるときは第一段階として必ず酒があるからだ。このことは前項で説明したとおりだが酒のアルコール分が酢酸菌によって酢に変るのだから、酢をつくるには「もろみ製造免許」が必要だというわけである。

そもそも酒つくりは家庭での手造りパンの延長線上にある。昔はどこでも、だれでも簡単に酒をつくっていた。今でもロシヤの主婦はクワスという、ビールの原型のような酒を手造りし、日常の飲物としている。北欧や東欧には広く手造りのビールが普及している。フランスでもイギリスでも、ドイツでも、はたまた、アメリカでも、ワインやビールやミードは庶民のホビー（道楽）である。日曜大工や日曜園芸のように日曜酒造が出来る。だが日本ではそうはゆかない。紅茶きのこの場合、うまく出来たものはビールの半分ぐらいのアルコール分は必ずある。知らず知らずにつくっても、これは酒税法にひっかかる。

よその国では酒を醸造しても、自分で飲んでいる分には一向差支えないのに、日本ではつくるだけで、アルコール分が一度以上出たら、もうだめなのだ。馬鹿ばかしい話である。

馬鹿ばかしさついでに紅茶きのこを酒に変えてみることにしよう。あの薄気味悪いフワフワなしの紅茶きのこワインを醸造しようというわけである。

それには前項のヘンネンベルヒ教授の培養法をほんの少し変えればよい。それには砂糖量を一リットル当り五〇〜七〇グラムというところを二二〇グラムに、すなわち、三、四倍にふやすのである。

第8図　レモンティーワインのつくり方

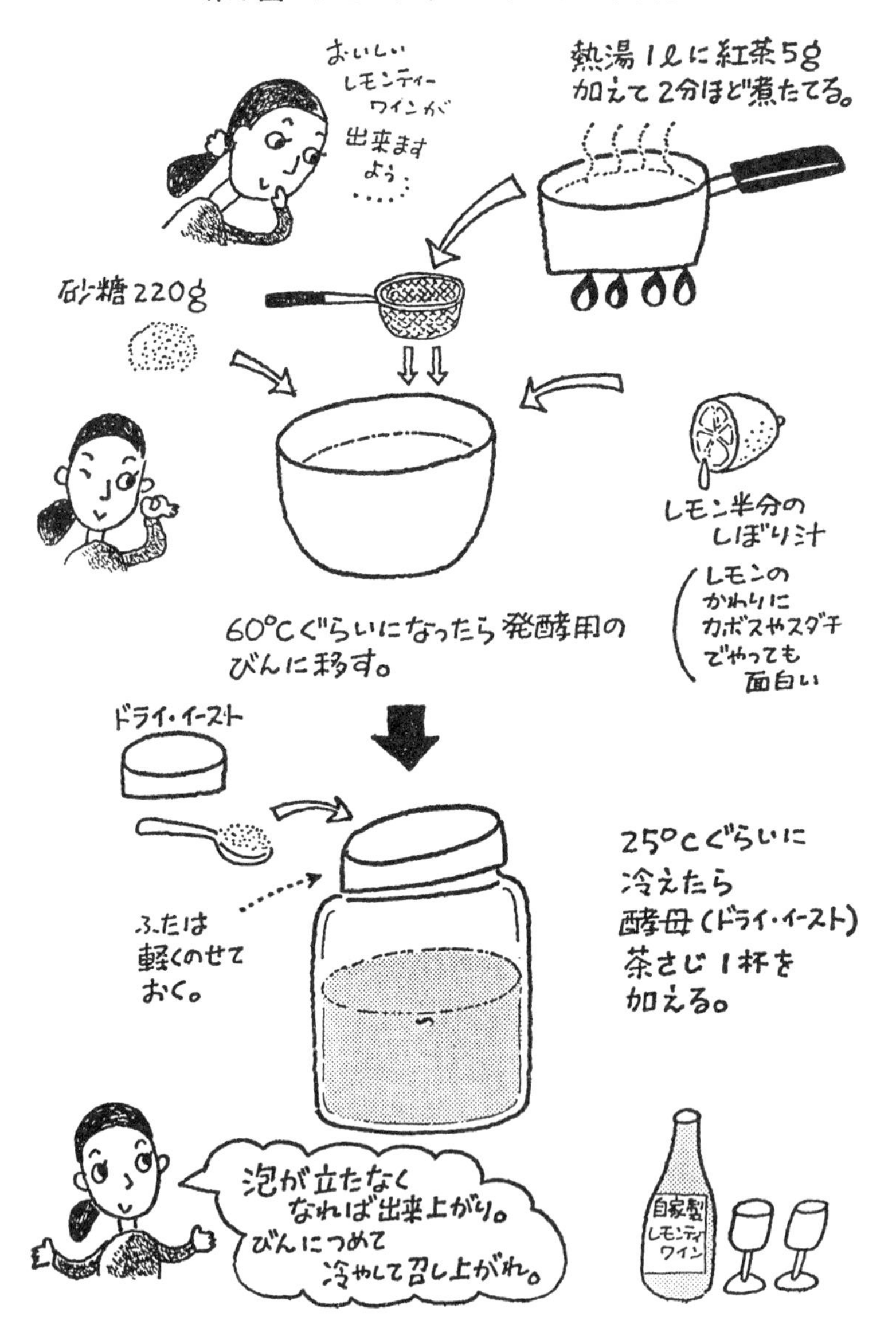

この砂糖が完全にアルコールに変るとアルコール分一三度程度となる。次に酸味をつけるためにレモン半個分のしぼり汁を砂糖とともに加え、二五度C程度まで冷却するのを待つ。

発酵が始まると泡が出るので一、二割の空間のある大きさの容器を選ぶ。冷えるのを待ってドライ・イーストを加えるのである。その量はミードに準ずればよい。発酵を旺盛にしようとすれば、ミードの章で述べたような酵母の栄養剤を加え、あとはじっと待つだけである。と言っても、ひと月もふた月も待つわけではない。一晩を経ずして、この液はうっすらと濁り、そして、ふつふつと小泡を発しはじめる。耳を傾けると海鳴りのような音がきこえてくる。うまくゆくと一週間あまりで液の甘さは消えて、ワインの如き芳香の紅茶きのこワインが出来上るはずになっている。夏期は早く、冬期は遅くなるのは酵母は温度が高い方が活発になるからである。

これは別に紅茶きのこの種菌を植えつけたわけではないので紅茶きのこなど不気味な名で呼ぶのはふさわしくない。レモンティーの華麗な変身、すなわち、レモンティーワインの誕生とでも名付けようか。レモンに替えて、カボス、スダチなどを用いればカボスティーワイン、スダチティーワインであろう。

紅茶きのこは活性酵母の酒だった

前項で述べたように紅茶きのこはアルコール発酵そして酢酸発酵、乳酸発酵などのからみあいによって生じたものである。そして、常にアルコール発酵が基礎となってつくりだされる。言いかえれば、アルコール発酵なしには紅茶きのこは存在しない。紅茶きのこは酒つくりそのものだったのだ。したがって、紅茶きのこ大流行の頃には密造を取締るお役人も大いにつくり、自ら法を破りながら、悦にいっていたのである。知らないということは本当に強いものだ。

そんなことはともかくとして、紅茶きのこの中には無数の酵母の菌体が浮游している。これをこさずにそのまま飲むのだから、私達は活性度の高い酵母の菌体を紅茶きのこの発酵液とともに飲み、それが健康法につながっていたのではないだろうか。すなわち、紅茶きのこは活性酵母の酒だったのである。

煮さまし紅茶をつぎ足しながら紅茶きのこの培養を続けてゆくと容器の底に茶褐色の泥状の沈澱物がたまってゆく。これは紅茶の色素を吸着した酵母の菌体である。液の方にも、ミクロフィルターかなにかでろ過しない限り、透明なように見えても酵母は無数に浮游している。そして酵母はビタミン、ミネラル、そして酵素がびっしりとつまった神秘の微生物である。なにしろ、百薬の長である酒をつくりだす生物なのだ。

今日、商品として市販されている酒からはこの酵母は完全にとり除かれてしまっている。酵母が浮游しているようでは透明度が悪く、商品としては通用しないからである。それに日持ちも悪く、味も変りやすい。そこで商品としての体裁の方が優先する売物の酒では働き終った酵母はまったく邪魔物になってしまうのである。

しかし、レモンティーワインのような手造りの酒、商品価値無用の自家醸造酒では、この生命力あふれる活性酵母を大切にしなければならない。

レモンティーワインは冷蔵しながら酵母の生命を飲もう。なにしろ、レモンティーワインの親たちは健康法として一世を風びした紅茶きのこなのだから。

純粋培養酵母の話

さて、この活性酵母を一層価値あらしめ、愛情を持てるものとするには市販のドライ・イーストではいささか物足りない。自ら「私の酵母」を選びだし、これを大切に保存し、酒の手造りに活用したいものである。これが出来れば本当の私の酒つくりが可能となる。

だが、これは大変な仕事である。平凡な並の酵母を探し出し、これを自分のものとすることはさほどむずかしいことではない。むずかしいのは香気高い美酒を生みだす素晴らしい酵母を見つけ出し、それを自分のものにすることである。これは万に一つの幸運にたよらなければならないのである。

それではどのようにして「私の酵母、私達の酵母」を選びだしたらよいだろう。それを語るまえに醸造用純粋酵母について語らなければならない。

明治以降、日本の政府は酒に巨額の酒税をつけ、これを国の主要財源として富国強兵の道を歩み始めた。そして、その酒は清酒が大部分を占めていた。この清酒が腐ったり、売り物にならぬような品質不良なものになっては酒税を取りはぐれてしまう。そんなことのないように清酒の安全醸造、技術向上のための研究所をいち早く設立した。今日の国税庁醸造試験所がそれである。ここで優良な清酒酵母の純粋分離が始められた。純粋酵母を酒母に植えつけ、増殖させると清酒の腐造がなくなり、安全に酒造が行われるからである。かくして、その分離第一号は「櫻正宗」のもろみから明治三十九年に、第二号は明治四十年代に「月桂冠」から、第三号は大正三年に「酔心」から分離され、以下次の如くに続いて一〇号にまで到っている。第四号「新政」大正十二年、第五号「賀茂鶴」大正十二年、第六号「新政」昭和十年、第七号「真澄」昭和二十一年、第八号は六号酵母よりの変異種で泡立ちが少ないので「泡なし酵母」と呼ばれている。第九号は昭和二十八年に熊本県酒造研究所の「香露」から、第一〇号は「八鶴」など東北地方の酒蔵の酵母の中から分離され、昭和五十三年に認定された。

国税庁の外郭団体である日本醸造協会はこれらの酵母を純粋培養し、協会酵母として全国の清酒醸造家に販売している。全国の清酒醸造家は毎年の醸造期の初めに、新鮮な協会酵母を購入する仕組みである。今日一般的に広く使われているのは上記の号数のうち、六号、七号、八号、九号、一〇号の酵母である。ワイン醸造家のためにはワイン用の純粋酵母も用意されているのである。

このような醸造用酵母の純粋培養のシステムをわが国はドイツから学んだが今日ではあらゆる国の、あらゆる酒類に採用されているシステムである。ことにビールの醸造ではビール酵母の純粋培養のシステムが進歩し、品質の安定したビールが年中つくりだされる仕組みになっているのである。世界のワイン銘醸地のワインからはその土地土地の特長ある酵母が分離され、純粋培養の菌株として保管されている。

そして、これらは学校、研究所、協会などの公的機関による管理のほかに、酒造家が自ら、自己の酒つくりに必要な酵母の純粋培養と保管の部門を持ち、酒造を安全にコントロールしている。

さらに、酒の手造りが罪でも何でもない国々では酒つくりはホビイであるから、このホビイのさまざまな材料を販売する専門店があって、ミードやワインやビールのそれぞれの醸造に適した優秀な酵母が販売されている。例えばビール用のイギリスのエール酵母、スタウト酵母、デンマークのカールスベルヒ酵母、ドイツのミュンヘン酵母、チェコスロバキヤのピルゼン酵母、ワイン(およびミード)用のハンガリーのトカイ酵母、フランスのソーテルヌ酵母、ボルドー酵母、ブルガンディー酵母、シャブリ酵母、グラーブ酵母、シャムパン酵母、ドイツのスタインベルグ酵母、リーブフラウミルヒ酵母等々がドライ・イーストのかたちで防

第9図　欧米の手造り酒用の酵母パック

水の小袋にパックされて売られている。これを誰でも購入して酒の手造りが出来るのは何ともうらやましい限りである。

わが国では素人が酒を手造りしたいからといって日本醸造協会などに行って、ワインをつくりたいからワイン酵母を、ドブロクを仕込むから清酒酵母をくれなどと言ったら、気狂いと間違えられ、ケンもホロロに追い返されるのがオチであろう。密造などという罪が当節まかり通るわが国で清酒やワインつくりのための純粋酵母が素人酒つくりのホビイむけに売りだされているはずがないからである。

というわけでプロの酒造家達（でも）使える純粋酵母が素人には使えないのだから、日本の素人酒造家は情けない限りだと言わなければならない。何とか手に入れられるのは日本ではパンつくりのためのドライ・イーストだけなのだから、そこには自ら限度がある。

江戸末期の鎖国時代の憂国の志士たちが死の覚悟で洋学をまなんだように、今日の家庭の手造り酒の有志は欧米の先進国の人々には考えられない努力をしなければならないのである。

そのための「私の酵母」つくりのテクニックを述べることとしよう。

「私の酵母」つくりのテクニック

ヨーロッパの伝統あるワインの銘醸地を訪れていつも感ずることだがワイン酵母の話は一向に出てこない。それはその土地のブドウが特色ある絶好の風土に守られて育つように、その土地のワインをつくりだすワイン酵母はそのブドウとともに風土に守られて自然に棲みついていると信じているからである。ブドウをつぶしさえすれば別に純粋酵母など加えずとも、たちまち風土に根ざしたワイン酵母が繁殖し、ワインとなるのである。

ブドウ果の熟期が近づくにつれ、その果皮にさまざまな微生物が着生し始める。なかでも、その土地のワイン酵母がもっとも多く着生しているのが普通である。すぐれたワインを生みだす土地にはすぐれたブドウとともにすぐれた酵母が棲みついている。それはまさに運命的と言ってもよいほどである。

だから、このブドウをつぶし、もろみの状態にすると、この酵母達は果汁の糖分をはじめとする栄養物を摂取して、たちまちふえはじめ、同時に増殖や生存のエネルギーを得るために発酵を始め、遂にはブドウ果汁はワインに変身をとげる。

酵母とブドウ果との親密な関係と同様のことが、ワインとともにヨーロッパの神話にもしばしば登場するミードについても見ることが出来る。花が咲き、蜜蜂を誘う頃ともなれば花蜜には酵母が着生し始める。これを蜜蜂が集める。働き蜂の蜜嚢（のう）には〇・〇三グラム程度の花蜜しか入らないから、一ポンド（四五〇グラム）の花蜜を集めるには二万回も花に通わなくてはならない。しかも花から集めて来た花蜜は濃度が薄い。働き蜂は巣の中で、羽を動かして起した風と体温で水分を蒸発させ、濃厚な蜂蜜をつくり上げる。そこで人間がこの蜂蜜を横取りする。蜂蜜はそのままでは糖分が高く、しかも蜜蜂に由来する特殊な微量物質が酵母の増殖するのを抑制しているので酵母は増殖も発酵も行うことは出来ない。だが、この蜂蜜を水で薄めると酵母は眠りから覚めたように繁殖を開始し、発酵を始めて、ミードが誕生する。これはブドウがつぶされて、果皮につつまれていた果汁と外皮に着生していた酵母とが出会うとたちまち増殖と発酵が始まるのと同じ現象である。

清酒の場合には麹(こうじ)つくりが始まり、ビールの場合には麦芽つくりが始まると酵母は次第にその数をふやしてくる。

このように酒つくりと酵母とはまさに運命的といっていいような結びつきをしているのである。言いかえるならば酵母は酒になりそうなものにはなににでも生存しているのだ。

しかし、酵母は無数の多種多様な微生物とともに生存している。これらがいっせいに同じように増殖を始めだしたのではどうにもならない。この中から酵母だけを選びだす手段を考えることが「私の酵母」つくりのテクニックなのである。と言っても、別に学問的に研究しようというわけではないから、実用一点ばりで、要は他の雑菌、有害菌の繁殖をおさえながら、有用な酵母だけをふやす方法を考えさえすればよいのである。それには酵母の性質を活用した良い方法がある。

酵母は他の微生物にくらべて、実に酸に強い。したがって酵母が好んで増殖し、他の有害菌の繁殖しにくいような甘くて酸味の強い液体の中に酵母の沢山着生していそうな花や果実などを加えて、そこに着生している酵母の増殖を誘導してやればよいのである。そして、その中から優秀なものを選べ

第10図　「私の酵母」つくりの手順

ばよい。

そのための液体として、ここでは取りあえず、ミードと同じような材料を使わしていただくことにしよう。

蜂蜜　三〇〇グラム

レモンしぼり汁　二個分（酸性を強くする）

紅茶ティーバッグ　四袋（二カップの熱湯中に入れ、さらに数分、煮たたせて濃く煮だした液）

酵母栄養剤（ミードの章にあり）　二・五グラム（栄養剤は省略してもよい）

以上をまぜあわせ、熱湯を加えて、全量を一リットルにする。これを第10図のように牛乳びん五本に分注し、コップで蓋をして、蒸し器で三〇分ほど蒸して殺菌を行う。

そのまま完全にさましたところで暖かい静かな場所に置く。これで酵母を育てる栄養液の準備は完了した。コップの蓋をあけて、この中においしい酒をつくりそうな酵母の着生しているように思われるものをそっと沈めてやるのである。沈めるときには熱湯で洗ったスプーン、フォークを用いる。

沈め終ったならば九五度の薬局方（ヤツキョクホウ）アルコール（薬局で買い求める。必ず薬局方のアルコールと指定。燃料用のアルコールは絶対に使用せぬこと）を大さじ一杯、液面にそっと流し込んでやる。これは液面に繁殖する好気性の微生物の繁殖をおさえるためだから、これは全体にまぜずに液面にアルコールが浮んでいるようにしなければ意味がない（薬局方アルコールのかわりにウォツカ、ウィスキー、ブランデーなどを用いてもよいが、このときは大さじ二・五杯とする）。これが終わったところで再びそっとコップで蓋をしておく。置く場所は酵母の繁殖適温の二五度C前後の部屋がよく、真冬は冷え込む心配のない暖かい部屋がいい。

「おいしい酒をつくりそうな酵母の着生しているように思われるもの」とは花（さくら、イチゴ、レンゲ、クローバー、菜の花、野生ホップ〈カラハナソウ〉の毬果、その他として、果樹の花、蜜蜂を呼びそうな花蜜の多いもの）、果実（イチゴ、さくらんぼ、ブドウ、アンズ、スモモ、ナシ、カキ、モモ、リンゴ等々、大きいものは果皮の部分をそぎ切りし、その小片を入れる）、稲わら、麦わら、もみ、松葉（ロシアパンでは元種（もとだね）つくりに赤松の葉を用いる）などである。花や果実の他にめぼしいものは、冬になると売られ始める清酒の新酒粕、活性清酒やにごり酒（活性とは真赤ないつわり、熱殺菌してしまったり、アルコールを加えて度数を高めて酵母を不活性にしてしまったものがあるのでご注意）なども試みてみる。

最近、ワインまつりなどフランスやドイツの銘醸地を訪れるツアーが盛んだが、こんな旅行に参加し、盛んに仕込みが行われているシーズンなどにぶつかったらしめたもの、小さなポリ袋に少しずついろいろなものを貰ってくる。たとえばワインのしぼり粕、新酒、そのオリ、ブドウの粒、ブドウ園の土などなどである。こうなるといささか産業スパイ的でスリルがあるが、ワイン手造りのためとでも打ち明ければ喜んで協力してくれるだろう。

さて、牛乳びんの中身が数日から一週間で液がにごり、泡だちが始まったら、しめたものである。発酵の勢いのよいもの、香気のよいもの、沈澱性のよいもの（発酵が終ったあとで）を選びだせたら、しあわせである。幸運を祈ろう。そのようなものがみつかったならば、発酵が静まったあとの沈澱物（酵母の菌体）について、もう一度、同じことを繰り返したのち、沈澱の部分を小びんにとり、密封して冷蔵庫に貯えておけばよい。これこそ、まことの「私の酵母」である。この「私の酵母」を見たければ、オリ状の部分を顕微鏡（六〇〇倍以上）で見ると、実に無数の卵型の単細胞の微生物・酵母を観察することが出来るだろう。

以上の他に、ちょっとズルい方法がある。それはアメリカ、イギリスで特に、酒の手造り材料店が発達しているから、むこうに旅をした折に前項で述べたような小袋入りの、酒つくり用ドライ・イーストを買い求めてくることである。これについては分離のテクニックが不要だからもはや説明の必要は全くない。これらはあくまでドライ・イーストで、酒でも、麻薬でもないのだから、税関検査でビクビクすることはこれっぽっちもないのである。堂々と持ち帰ってよいのである。

第四章　ちょっといい酒の話、二つ

入門篇の末尾にちょっといい酒の話を二つほど載せてしめくくりとしよう。

▨北欧神話と酒

南ヨーロッパの文明が生みだしたギリシャ・ローマ神話とならんで、ヨーロッパの二大神話といわれるのがゲルマンたちの北欧神話である。ギリシャ・ローマ神話がブドウからかもされるワインの神話だとすれば北欧神話はまさに蜂蜜からかもされるミードの神話だった。さらに北欧神話の神々はミードだけではあきたらず、ミードをベースにしたさまざまな変化にとんだ酒をつくりだした。

北欧の神々はアサ神族と呼ばれ、アスガルド（アサ神の園）という美しい天上の都に住んでいた。アスガルドは宇宙をつらぬいてそびえるイグドラシル（宇宙樹）という巨大なとねりこの木の上にあり、いくつもの宮殿が雲にそびえ宇宙の中心であった。

アサ神の主神はオーディン、神話の中で活躍するのはオーディンについで雷の神トール、火の神ロキ、愛と美の女神フレイア、豊作と生殖の神フレイ――。アスガルドには神々のほかに多くの戦士がいる。主神オーディンは人間の世界ミッドランドで戦いがあると、ただちに戦場にワルキューリたちを送って勇敢な戦死者をアスガルドにはこばせる。ワルキューリはオーディンにつかえる戦いの乙女たちである。駿馬に乗って空をかけるかと思うと美しい白鳥となって空に舞う。戦死した勇士たちはこの美しいワルキューリに運ばれ、アスガルドのワルハラと呼ばれる大広間に迎えられ、ここで神たちとともに日ごとミードを飲み、ラグナレク――神々のたそがれ――と「巫女の予言」に歌われた神神の世界の最後の戦いにそなえている。

ワルハラの大広間には五百四十の扉があり、それぞれの扉は八百人の騎士がならんで通れる広さがあった。天井は目もとどかぬほど高く、金色の盾をかけ並べたようにきらめいている。

この大広間では毎日、酒宴がもよおされ、ミードと料理はつきることを知らない。なにしろ、ミードは、ワルハラの上に覆いかぶさったイグドラシルの梢にヘイドルンという一頭の牝山羊がいて、イグドラシルの若芽や若葉をたべ、その乳房からかぎりなくミードをほとばしらせている。料理は、オーディンがセーフリムニルという大いのししを料理して皆をもてなすが、このいのししは殺され、料理されても、たちまち生きかえってふたたび料理されるのである。

北欧神話によれば詩の起源はミードをベースとした霊酒にかかわりがある。まだ世界がつくられたばかりの頃、アスガルドの神々と海の国の神々ヴァニールたちとの間で戦いが起った。戦いは長く続いたが、やがて和議が成立した。両方の神々は平和のしるしに、一つの壺に互いの唾をはき込み、その唾液で、ひとりの人間をつくり、クワシール（知識）と名づけた。

クワシールはその名の如く、知らぬこととてなく、彼はその知識をひろめるため、世界中をまわり歩いていたが、フィヤラールとガラールというこびとの兄弟に殺されてしまった。こびと達はクワシールの血を蜂蜜にまぜてミードをつくった。このミードには不思議な霊力があり、これを飲んだものは素晴らしい詩がつくれるようになるのであった。この霊酒はこびとの兄弟の悪だくみの失敗から巨人スッツングの手にわたった。スッツングはこれをフニット山にかくして、娘のグンロッドに番をさせた。この霊酒を神々のものにしたいと考えた主神オーディンは若い男に姿をかえ、グンロッドから、この霊酒をとり戻し、神々や、それを飲むにふさわしい人々にわけあたえた。この酒を飲んだ人々は詩人となって素晴らしい詩をつくり、これを吟じて、神々や人間をたのしませるようになったのである。

椰子酒の話

「名も知らぬ遠き島より流れきし椰子の実ひとつ」で馴染み深いココ椰子の学名はココス・ヌシフェラ。ココスはポルトガル語のココスー猿に由来する。果実の感じが猿の頭に似ているところから名付けられ、ヌシフェラは「堅果の」意味である。

世界に椰子の種類は数多いが、熱帯地方で一番多いのがココ椰子で、その実がココナッツだ。未熟な椰子の実は緑色か、やや黄色を帯びて、種子の殻も柔らかく、白っぽく、種子の殻の中の果肉（胚乳）もゼリー状をしている。その中につまった果液は軽い甘さと、かすかな酸味があり、さっぱりとした飲物である。フィリピンやタイに旅をした人はおそらく、どこかで飲んだことがあるだろう。

椰子の実が熟すと、果肉（胚乳）は厚さを増し、これをとりわけて乾燥させると、コプラとなり、これを細く糸状にしたものはデシケーテッド・ココナッツと呼ばれ、洋菓子材料としてかかすことが出来ない。コプラはまた、石鹸やロウソクの原料になり、食用油脂になり、マーガリンの原料となる。そのしぼり粕は飼料や肥料として用いられる。繊維は工芸用材料に、葉は敷物材料に利用され、幹は建築材料に使用される。高さ二〇～三〇メートル、直径三〇～七〇センチの巨木となるココ椰子の木は実に用途が広く、熱い風土を彩る風物誌ナンバーワンの樹木である。

私が手造り酒とまるで無関係なようなことを述べるには理由がある。それは、このココ椰子の樹がそのまま、酒と酢の素晴らしい天然の自家工場となるからである。椰子酒と椰子酢はココ椰子の樹がつくりだす。

椰子酒はフィリピンの農村の最もポピュラーな酒である。しかし、日本人はそのことを知らない。味わうこともない。フィリピンを訪れる日本人は多いが、その旅行はまさに集団の買春旅行である。女性をあさることだけに夢中で、椰子酒にまで興味がゆく人は皆無である。それにツアーの案内人も女性の斡旋に気もそぞろで一銭のリベートも入らない椰子酒など、てんで念頭にないのだから、どうにもならない。

もし、椰子酒を飲んでみたいと思う人はミンダナオ島のダバオまで足をのばしてみることだ。リゾートホテル「ダバオ・インシュラ・インターコンティネンタル・イン」のダバオ湾の入江に面した広大な中庭には百本あまりのココ椰子の成木が深い木蔭をつくっている。

ココ椰子は木のいただきに鳥の羽根に似た葉を叢生し、葉のつけ根にココナッツの実をつける。椰子酒をつくるには、樹頂の葉のつけ根に年中咲く花の花柄をすっぱりと切り落し、切り口からしたたり落ちる豊かな花蜜の樹液を葉茎に吊した竹の筒に受ける。樹の幹には登りやすいように交互に足がかりがきざみ込まれている。この足がかりを猿の如くに、あるいは電柱で作業する電気工事人の如くに登り、樹頂の花芽を切り、竹筒を吊してくるだけでことがたりる。

この竹筒は年中使っていて、ほとんど洗うことがないので野生の酵母が棲みついている。そのため、竹筒に溜った汁液はたちまち発酵を始め、竹筒が一杯になる頃にはもう全体が立派な酒になっている。

椰子酒では免許制も酒税も一切が無関係である。あるものは太陽のめぐみだけである。日本でこんな調子で椰子酒をつくったなら、たちまち税務署の役人がとんで来て、密造だ、封印だと叫んで、さぞ大さわぎなことだろう。

「ダバオ・インシュラ」では客よせの一助として、この椰子酒を無料で飲ませているが、日本からの観光客は漁色に夢中で、この素朴な天然の美酒には目もくれないのはなんとも腹立たしいことである。

現地で「トゥバ」という名で呼ばれる椰子酒の一生は実にはかない。一週間もたつと、たちまち、自然に酢になってしまう。そしてココナッツパームビネガー（椰子酢）として活用される。ダバオ・インシュラでも中庭の一隅にあるバンガロー風のバーベキューレストランで使われている。ダバオ湾を渡る涼風に身をまかせながら、かがり火のあかりで、エビやイカの炭火焼にこの椰子酢をふりかけて食べる。酒は勿論、椰子酒トゥバがよい。

この椰子酢を使った「アッチャラ」という名の野菜の酢漬けも、フィリピンの地ビール「サンミゲル」の酒肴に結構なものである。アッチャラはその昔、ダバオに出稼ぎに来た日本人たちが南の果実パパイヤの若く硬い果肉を千切りにし、唐辛子などを混ぜて酢漬けにし、これを「アチャラ漬け」と呼んだことに由来するとか。トゥバの心地よい、軽い酔いに身をゆだねていると、あまりにも人工的な日本のさまざまな酒と酒造のしくみが腹立たしく、「酒税法よ、のろわれてあれ」と日本の方向をむいて叫びたくなってくるのは私だけであろうか。

中級篇

第一章　ブドウとワインの予備知識

はじめに

趣味の酒つくりもいよいよ中級篇、ワインつくりの教程に入る。しかし、その前にひとこと。日本人のワイン通にはあいも変らず、明治時代の文明開化の啓蒙思想的なスタイルが鼻について、なんともいやらしい。言いかえると、日本人のワイン通には実に知ったか振りで衒学的な手あいが多い。それというのもワインブームなどとさわがれるものの、ワインがまだ依然として日本人にとって異邦人の酒だからである。

昨年（昭和五十五年）一年間に日本人は国民一人当り、輸入、国産をあわせて五一〇ミリリットルのワインを飲んだ。わずかコップに二杯半である。一方清酒は一三・六リットル、一升びんで七・五本、ビールは四〇リットル、大びん六三本、ウィスキーは三・三リットル、大びんで四本強である。

これを見てもワインの飲まれ方は実に少ない。それというのも、日本には庶民の日常のワインが生れていないからである。よそゆきの晴着のような高級ワインではなく、日常たのしむ、ふだん着のワインは自分でつくるほうがよい。

あなたがもし、自分でワインをつくってみればその体験があなたをゆたかにし、自信にあふれさせるだろう。そして、知ったか振りのワイン通が「ボクこんなにワインを知っているけど、キミ知ってる?」式なことを言っても、それを笑いとばすことが出来るようになるだろう。

ヨーロッパではワインは日常のものである。決してむずかしく考えるものではないのである。ワインに自信をつけるにはまず自らつくることだ。一度、自分でつくってみれば、すべてのワインがもっと身近なものになる。少し大げさな言い方をゆるしていただくならば、ワインの文化がずっと近いものとなる。

では早速と言いたいが、醸造の実際に入る前に、原料のブドウについて述べておこう。

ヨーロッパ人におけるブドウとワイン

果皮のうすいブドウは遠くにはこぶことがむずかしい。保存性も低い。しかし、ひとたびワインになってしまうと、アルコールのおかげで保存性の高い液体となる。ブドウは長期保存にむかないが、一旦ワインになったものは一年でも、二年でも長持ちさせることが出来る。長くきびしいヨーロッパの冬にそなえて、ワインは大切な保存野菜の役目すらはたしたのである。

つくるにやさしく、長持ちさせることの出来るワインは、かくして、人間の長い歴史の最初から、大事な飲物としての地位を獲得したと考えられる。

今だからこそ、私達のまわりには冬でも果実があふれ、夏でなければたべられなかったさまざまな野菜があふれている。だがこれは近代になってヨーロッパの地をおおった農業革命とその後の科学の進歩によって裏づけられた技術革新のおかげである。

長く、きびしい冬のつづくヨーロッパ、そして、やせた土地。ヨーロッパの人類はいきおい牧畜中心の生活を行わざるを得なかった。きびしい風土では肉が食事の中心になった。肉を食事の中心に置いて肉をたべつづけると私達の血液はどうしても酸性に傾いてゆく。そうなると私達の身体はこの酸性を中和するため、生理的アルカリ性の食品を要求するようになる。

野菜、くだもの、牛乳などが代表的な生理的アルカリ性食品である。肉食人種といっていいようなヨーロッパの民族は肉の生理的酸性を中和させるものとして野菜やくだものを要求した。だがヨーロッパの長いきびしい冬とやせた土地では年中、野菜やくだものをとることは不可能だった。ブドウの実をワインにかえて貯蔵することでヨーロッパの民はこの問題を解決したのである。

ワインはカリウム、カルシウム、マグネシウムなどアルカリ性のミネラルを沢山とかし込んでいる。保存のきく、生理的アルカリ性食品としてワインは太古からヨーロッパ人のいのちをささえてきたのである。

さて次に、ブドウの種類について述べよう。特にワインは、原料たるブドウの種類によってその風味がさまざまに異なるからである。

▨世界の栽培ブドウ

現在、世界の栽培ブドウは二つの大きな系統に大別することが出来る。一つは欧亜の夏乾帯に発達したブドウ群であり、もう一つはアメリカ大陸の大西洋沿岸地帯に発達したブドウ群である。通常、前者はヨーロッパ系ブドウと呼ばれ、学名はヴィティス・ヴィニフェラという名で分類される。後者はアメリカ系ブドウと呼ばれ、学名はヴィティス・ラブラスカとして分類されている。

欧亜の夏乾帯に育ったブドウたちはそこで古代文化の花を開かせた人類と早くからふれあい、ワインという素晴らしい酒をつくりだす原料として、なくてはならないものとなった。何千年何万年という、人間とのふれあいの中で、ヨーロッパ系ブドウはみがきがかけられ、さまざまな特性をもつ華やかなブドウとなった。この系列のブドウの学名ヴィティス・ヴィニフェラという命名はまことにたくみに、この系列のブドウの生いたちをあらわしている。すなわち、ヴィティスはヴィエオ（結ぶ）というギリシャ語にもとづく言葉で、ブドウの蔓が他のものにからみつくところから派生して、ラテン語のヴィテスとなった。ヴィニフェラは「ワインを生ずる」ことを意味している。ちなみにラテン語ではワインすなわちヴィニだが、ラテン語系民族はワインのことをヴィノ（フランス、イタリア）、ヴィンホ（ポルトガル）、ヴィニョ（スペイン）と呼んでいる。この学名を見ても欧亜の地で人間の文化にふれたヨーロッパ系ブドウとワインとの長い濃密な関係がわかるというものである。

これに反してアメリカ大陸大西洋沿岸で発達したアメリカ系ブドウ群は一五六五年フロリダに移住したスペイン人が野生のブドウを利用してワインをつくったという記録からもわかるように、コロンブスのアメリカ大陸の発見（一四九二年）とその後、ヨーロッパ人がここに移住するまで、遂に文化の陽の目を見ることはなかったのである。

アメリカ系ブドウの栽培品種はその後のヨーロッパ系ブドウとの交配で改良された新品種群を含めてヴィティス・ラブラスカという学名で分類されている。ラブラスカとはラテン語で「野生」を意味する。「ワインを生ずる」ヴィニフェラと「野生」のラブラスカとなんと扱いのちがうことか。

ヴィニフェラとラブラスカ

ワインを生ずるブドウと野生のブドウ――こんなひどい言葉の差別待遇を受ける理由は一体なんであろう。

ワイン文化はいわゆる旧大陸で発達したヨーロッパ系ブドウを母体として生れ育ってきた。ヨーロッパのヴィニフェラ系ブドウとアメリカのラブラスカ系ブドウとは香味にちがいがある。ことにワインをつくりあげたとき、アメリカ系ブドウは決定的な欠点をあらわすのである。それはアメリカ系ブドウにある独特のにおいに起因している。このにおいを日本では狐臭と呼ぶ。これはあちらのフォクシイ・スメル（狐のような臭気）の訳語である。狐臭というとなんとなく腋香（わきが）的なイメージさえ浮んでくるほどだが、ラブラスカ系ブドウの名誉のために言及しておこう。これはアメリカのブドウ学者フォックス氏がラブラスカ系ブドウ独特の香気を詳しく研究したためで、言うならばドクター・フォックスのかおりなのである。

しかし、むこうでもフォックス・アロマ（フォックスの芳香）と言わずにフォクシイ・スメルと狐の臭いというイメージの言葉で呼んでいるのである。他にスカンクグレープ（物凄い悪臭のガスをだす動物がスカンク）というひどい呼び方さえあるほどだ。

これはひとえにワインをヨーロッパ食文化の頂点とほこり、ワインはヨーロッパの花であり、そのワインはヨーロッパのブドウからでなければ美酒は得られないと信じてやまないヨーロッパ人の自負のあらわれであろう。

私がこのようにヴィニフェラとラブラスカのちがいにこだわるのには深い理由がある。それは日本の風土に根ざした根本的なものである。

ヨーロッパ系ブドウは欧亜の夏乾帯に発達したと申し上げた。夏乾帯すなわち、夏、雨が少なく、乾燥した地帯のことである。一方、日本は春から秋にかけて多雨多湿のカビの風土である。ブドウの栽培もヴィニフェラ系ブドウにくらべて多湿に強いラブラスカ系のブドウに依存せざるを得ない。日本の栽培ブドウの主流はアメリカのラブラスカ系ブドウである。したがって日本ではアマのワインつくりはこのラブラスカ系のブドウにたよらざるを得ないのだ。

日本のワインには人の力ではどうにもならない風土の問題がどっしりとひかえているのである。

▨ヴィニフェラの発展

ヨーロッパ系ブドウ群、学名でいうヴィティス・ヴィニフェラはヨーロッパの歴史を裏からささえるようにヨーロッパにひろがってゆく。ナイル河の沿岸に花ひらいたエジプト文化、チグリス・ユーフラテス流域に発達したメソポタミヤ文化、ついでギリシャ・ローマなど地中海沿岸を華やかにいろどった古代国家はいずれも、ワインをはぐくんだ古代文化の中で忘れることの出来ない存在である。

殊にヨーロッパにひろくワインを育てる端緒となったのはギリシャ人、次いでローマ人たちであった。ブドウは温帯性の果樹であるからブドウを移植しても、うまく育たないところも多い。緯度の高い、ドイツおよびそれ以北の国では冬の到来が早いのでブドウは成熟しない。ドイツではライン・モーゼル河以北ではブドウは育たない。イギリスも島国で多湿、寒冷のため、ブドウ栽培は出来ない。

だが、ローマ人のヨーロッパ征服で、ブドウは南欧から中欧、東欧にひろがって行った。国名であげるとイタリア、フランス、スペイン、ポルトガルなどの全土、オーストリア、ハンガリー、ブルガリア、ルーマニア、そしてドイツのライン・モーゼル河以南などにひろがった。これがヴィニフェラの発展の第一波であった。勿論、アフリカ大陸の地中海沿岸にも、この頃はすでにブドウは栽培されていた。

第一波のヴィニフェラの発展をたしかなものにしたのがキリスト教の全ヨーロッパ的支配である。キリスト教とワインとはいまさらここで述べるまでもなく深い親密な関係にある。

そしてヨーロッパの国々、殊にポルトガル、スペインによって行われた大航海時代、ついで新大陸での植民地経営、この間に、ヨーロッパのヴィニフェラ系ブドウは新大陸の植民地に移されて行った。勿論、現地でワインをつくるためであった。これがヴィニフェラの発展の第二波である。

かくして旧大陸の古いワイン国の他に地球のいたるところにワインの新興国が生れていった。といっても勿論、ブドウ栽培好適地に限られることである。オーストラリア、南ア連邦、アルゼンチン、チリー、アメリカのカリフォルニア州、アルジェリアなどがそのような新しいワイン国である。

ソ連は中央アジア、黒海沿岸でブドウ栽培に力を入れ、いまや有数のワイン産国である。このようにワインの発展はすべて、ヴィニフェラ系のブドウで行われているのをみても、この系統のブドウがいかにワインつくりに適した「ワインを生ずる」ブドウであるかがわかろうというものである。

このヴィニフェラ系のブドウが唐の時代にシルクロードを逆にたどって中国にもたらされる。かくして、中国の文化の中に「葡萄の美酒」が入ってくる。そして中国に根を下ろしたヴィニフェラ系ブドウが仏教伝来とともに日本に持ち込まれ、多湿の日本の中ではブドウ栽培に適した甲州盆地で生きのびたのが、今日の山梨の「甲州種」ブドウである。今から八百年ほど前、平家一門が屋島、壇の浦で破れ、幼い安徳天皇が二位の局（つぼね）の胸に抱かれて海に消え、鎌倉時代が開幕した翌年の文治二年（一一八六年）にこの生きのびたヴィニフェラ系ブドウが見つけだされる。すなわち甲斐国八代郡祝村（現山梨県勝沼町上岩崎）の石尊宮の例祭の日、土地の豪族雨宮勘解由が山中で通常の山ブドウと異なったブドウを発見する。神よりのさずかりものと彼はこれを自宅の庭に移植したところ、このブドウ樹は三年後に三十ほどの実を着けた。果皮は赤紫、果肉は白く、甘い果汁ゆたかな美果であった。そして今、この「甲州種」から美味しい白ワインがつくられている。それというのも、この「甲州種」ブドウはヨーロッパのヴィニフェラの血をひく由緒正しいブドウだからである。山梨県の「甲州種」ブドウにはシルクロードにつながった壮大なロマンがある。

日本のブドウ

日本の地に今日、根を下ろしているブドウには四つの系統がある。いちばん古く、神代の昔から存在していたのが山ブドウの系統である。これらはヨーロッパ系のブドウ群ともアメリカ系ブドウ群とも全く系統のちがうもので、日本の古語で言う「えびかずら」の実である。

わが国の神話のはじめの頃に登場する「イザナギ、イザナミノミコト」や「スサノオノミコト」はこの「えびかずら」の実と深いかかわりがある。少し長くなるが、この神話を回想してみることにしよう。

イザナギは彼とともに国生みをはたし、最後に火の神「ヒコホホデミノミコト」を生んでみまかった最愛の妻イザナミを忘れがたく、死の国「ヨミノクニ」を訪れた。イザナミはあたたかく夫イザナギを迎え、再会を喜んだものの、自分の寝所は決してのぞかぬようたのむのだった。だがイザナギは妻との約束を破って彼女の寝所をのぞいてしまうと、そこにはみにくいワニのすがたとなったイザナミがうごめいていた。

イザナギはあわてて逃げだすのだが約束を破った夫にイザナミはいかり狂い、部下の鬼どもに彼のあとを追わせることになった。イザナギはヨミノクニの国ざかいまで逃げのびたとき遂に追いつかれそうになった。このときイザナギは一計を案じ、髪にさしていた「ユツツマグシ」の歯をとりかき、とりかき、うしろに投げすてると、これらはたちまち「えびかずら」の樹となり、鬼どもがこの実をむさぼり食っているあいだに時をかせぎ、あやうく難を逃れ、ヨミノクニから脱出することが出来た。

スサノオノミコトの場合、神話には「えびかずらの実」という直接のことばはない。だが、彼が出雲国ヒノカワで「ヤマタノオロチ」に苦しめられている老夫婦とその娘を助けだすとき、ヤマタノオロチをおびきよせるために醸造した果実の酒にこの「えびかずら」の実を連想することは容易である。この「えびかずら」すなわち山ブドウは日本の山野に古代から自生している。

ところで、この山ブドウは中国大陸黒竜江の沿岸やシベリヤの原野に野生する山ブドウ――アムレンシスと同系列のものである。小さな果粒で酸味が強く、赤色色素がゆたかな真黒紫色の粒で、よく熟すると糖分も多い。この山ブドウは採集出来れば、赤ワインの原料としてきわめて面白い。中国黒竜江省の人民公社では山野に自生するこのアムレンシスブドウを使って赤ワインを生産している。色素が豊富だから、着色用のワインとしても使える。

このような山ブドウとことなり、人間の手で日本に持ち込まれた最初の栽培ブドウは前項で述べた「甲州種」である。ヨーロッパ系栽培ブドウである正統のヴィティス・ヴィニフェラの血統をひくブドウだから、なかなか品質のよい白ワインが出来る。純粋の日本生れのヴィニフェラ系ワインといえば、この「甲州種」ブドウからつくられた白ワインだけだから大変貴重であると同時に出盛りの時期には日本全国のくだものやで入手出来るから、アマのワインつくりの最高の白ワイン用原料ブドウである。山ブドウにつぐ第二の系統がこの「甲州種」である。

日本列島は太平洋モンスーン地帯に位置している。春から秋にかけて雨期がやってくる。殊に夏から秋にかけての台風はブドウ栽培に決定的なダメージをあたえる。この多湿の日本で湿気に弱いヴィニフェラ系ブドウを栽培することは非常にむずかしい。この日本の地で純系のヴィティス・ヴィニフェラに属する「甲州種」が生きのびたのは奇蹟に近いことである。勿論それには、この「甲州種」を生きのびさせた山梨の風土あってのことだったかも知れない。すなわち、四囲の山々で台風から守られ、多雨の日本にしては最も乾燥した甲府盆地があったからこそ「甲州種」は生きながらえたのである。豪族雨宮勘解由によって見つけだされ、再び人の手で栽培されるようになった「甲州種」はその後、武田信玄につかえた漢方医徳本（甲斐の徳本として名高く、はり薬トクホンはこの医者の名をとったもの）によって画期的な栽培法が伝受される。

それはブドウの棚栽培法である。多湿の日本では、この棚架法がブドウの栽培に最も適している。

俳人芭蕉も、

勝沼や馬子もぶどうを喰いながら

という句を残している。こうして、シルクロードを逆にたどって日本に伝えられたヴィニフェラ系の「甲州種」ブドウは江戸時代には立派な甲斐の特産品となった。

この「甲州種」は果皮が丈夫で蠟質の樹脂でおおわれ病気に強く、しかも晩生である。甲府盆地は晩秋になると気候が安定し、快晴がつづく、こうした点がしあわせして「甲州種」ブドウの名がすでに江戸時代の頃から有名になったのである。

次いで明治維新後の文明開化の気運の中で日本でもワインをつくろうという気運が高まってきた。そして先覚者たちの手で欧米のブドウとその栽培法、ワインの醸造法が日本に持ち込まれた。だが、多湿の日本の風土でヨーロッパ系のヴィニフェラブドウを育てるのは至難のわざであった。したがって、明治以後に日本に持ち込まれ、なんとか栽培に成功したのは比較的多湿に強いアメリカ系のラブラスカブドウばかりであった。

今日、日本で栽培されているブドウでデラウエア、アジロンダック、コンコード、キャムベルアーリー、ナイヤガラなどはすべてアメリカ系のヴィティス・ラブラスカである。これらアメリカ系のブドウからは高級なワインはつくれない。日本のブドウの第三の系統はこのようなラブラスカ系のブドウである。

日本の風土に適した新品種の交配育成も先覚者達の手でこころみられた。

かくして生食にも、醸造にもよく、日本の多湿な風土条件に耐性の強い品種としてマスカット・ベーリーA、ブラック・クイーンというブドウが育成され、現在、山梨、岡山、山形、長野で盛んに栽培されている。しかし、わが国のブドウ栽培はいつのまにか生食用（くだものとしてたべることを目的としたもの）中心のものとなり、品種改良も生食用中心に行われ、ネオ・マスカット、巨峰などが栽培面積を次第にふやしている。ワインを醸造するに適したブドウの栽培はわが国では一向に進んでいない。温室ブドウのような、あるいはハウスブドウのような高い栽培経費をかけて園芸作物としてのブドウをつくることだけが高温多湿、台風の通り道である日本のブドウ栽培にゆるされた唯一の道なのかも知れない。したがって、わが国でのアマのワインつくりは原料ブドウの入手という点では全くめぐまれていない。

さて、予備知識のおしまいにナチュラルワインについて述べてこの項をとじることにしよう。

主要品種の栽培面積と収穫予想量など (農水省調べ，56年7月現在)

区分		結果樹面積	予想収穫量	出荷予想量
		ha	t	t
全国	計	27,800	338,700	315,100
	デラウェア	10,100	114,800	107,700
	キャンベルアーリー	5,870	72,500	65,900
	ネオマスカット	1,530	26,100	24,500
	マスカットベーリーA	2,050	27,600	25,700
	甲州	705	14,200	13,400
	巨峰	4,420	47,600	44,800
山梨	計	5,350	92,000	87,500
	デラウェア	2,800	42,300	40,200
	キャンベルアーリー	—	—	—
	ネオマスカット	762	16,200	15,400
	マスカットベーリーA	365	8,280	7,900
	甲州	629	13,600	12,900
	巨峰	425	6,440	6,150
山形	計	3,670	40,000	37,300
	デラウェア	3,020	31,400	29,200
	キャンベルアーリー	155	2,550	2,350
	ネオマスカット	24	298	275
	マスカットベーリーA	60	825	782
	甲州	12	124	111
	巨峰	45	418	407
長野	計	2,180	28,200	26,400
	デラウェア	505	4,750	4,470
	キャンベルアーリー	7	80	65
	ネオマスカット	11	161	142
	マスカットベーリーA	4	44	34
	甲州	—	—	—
	巨峰	1,180	16,000	15,100
岡山	計	1,900	21,200	19,300
	デラウェア	63	733	673
	キャンベルアーリー	815	8,540	7,630
	ネオマスカット	290	3,490	3,160
	マスカットベーリーA	398	4,060	3,690
	甲州	—	—	—
	巨峰	7	71	64

第4表　わが国のブドウの

北海道	計	1,060ha	12,000t	11,300t
	デラウェア	298	2,820	2,520
	キャンベルアーリー	509	6,850	6,620
	ネオマスカット	—	—	—
	マスカットベーリーA	—	—	—
	甲州	—	—	—
	巨峰	—	—	—
青森	計	920	10,800	9,720
	デラウェア	16	178	137
	キャンベルアーリー	701	8,390	7,570
	ネオマスカット	—	—	—
	マスカットベーリーA	—	—	—
	甲州	—	—	—
	巨峰	1	17	9

日本のアマのワインつくりで使えるのは以上の品種。この他に山ブドウがある。

ナチュラルワイン

ナチュラルワインとは天然ブドウ酒、または自然ブドウ酒である。ブドウ以外の原料は一切使わず、ブドウだけを発酵させてつくるからナチュラルなのである。

ナチュラルワインに対するものがフォーティファイドワイン。こちらは醸造工程中にブランデーを加え、アルコール分を高めてあるので、ナチュラルでないし、アルコール分を強化してあるからフォーティファイド（強化）ワインなのである。フォーティファイドワインの歴史はナチュラルワインにくらべるときわめて新しい。コロンブスの新大陸発見に端を発する大航海時代の頃からフォーティファイドワインは急につくりだされ始めた。これに対してナチュラルワインの歴史はきわめて古い。人間が猿から分れて、進化の道をあゆみ初めた太古以来、ナチュラルワインはつくられ飲まれていた。

旧約聖書の創世記にも、大洪水のあと、箱舟から出たノアが一番最初にやったことはブドウ畑をつくることで、そのブドウでつくったナチュラルワインに酔って天幕の中で裸で寝てしまったことが記されている。

ブドウはくだものの中でも一番汁気の多い果実である。しかも果汁に糖分が多く、しかも酸味はたっぷりある。ブドウは果皮がうすく、熟度がますにつれて、その果皮の表面には酵母が多数着生し始める。ブドウをつぶして生ずる果汁の酸味は他の微生物の増殖をふせぎ、酸性を好む酵母だけがひとり旺盛に繁殖し、果汁中にたっぷりとある糖分をアルコールに変える。そしてナチュラルワインが生まれる。以下、略してワインと呼ぶことにしよう。単にワインと書いてあるときはブドウでつくられたナチュラルワインのことである。

第二章　ワインつくりの基礎知識

いよいよワインのつくり方にすすむが、この章では、その基礎的なことを学ぶことにしよう。基礎がわかれば応用がきくのが道理であるからである。

ブドウの成分

ブドウでワインに直接関係あるのはブドウの房、つまり果房である。果房が果粒と果梗に分れているのは一目瞭然である。さらによく見ると果粒と果梗とを結びつけているのが果粒についた短い枝の部分で、果柄である。果梗も果柄もワイン醸造には不必要な部分である。

果粒は果皮と核（種子）と果肉から成る。果皮の表面は薄い蠟（ろう）質でおおわれ、水に溶けず、水をはじき、果皮を守っている。果皮は主体がセンイ質で、色素、タンニン質その他を含んでいる。

ブドウは世界中で三、四千種が栽培されており、品種によって果皮（品種によっては果肉中にも）に赤色色素の非常に多いものから、少ないものまで、さらに黄色、黄緑色、緑色のものまである。レッドワイン（赤ワイン）、ピンクワイン（紅ワイン）では赤い色素はワインにとって不可欠な要素となる。

ブドウの核は俗にいう種子（たね）のことで普通二つだが、四つのものもある。また、サンメイドのブランドで有名なカリフォルニアレーズンは無核（種子なし）のトムプソン・シードレスという品種だが、イラン、オーストラリアなどの乾ブドウはサルタナ種で、やはり無核である。中華人民共和国にも、シルクロードのオアシス都市以来の歴史をもつ無核ブドウがあり、乾ブドウを生産している。

日本では戦後、植物成長ホルモンのジベレリンの処理によって、デラウェア種を無核にすることが出来るようになり、いわゆる「たねなしブドウ」として出回っている。これは開花期にジベレリン処理を二回行って本来ならば当然出来る種子をつくらせないようにしたもので、トムプソン・シードレスやサルタナのような無核品種とは全くことなる。

ワインに関係あるのは種子の中のタンニン質であって、赤ワインでは果皮中のタンニン質とあいまって赤ワインの味に重要な役割をはたす渋味の成分となる。

果皮につつまれた果粒の内部が果肉であり、果汁が充満している。この果汁がワインとなり、果汁の品質のよしあしが、ワインの質を決定する。果汁の成分は水分が約八〇％で最も多く、次に多いのが糖分である。糖分はブドウ糖と果糖がほぼ同量ずつあり、欧米のブドウ栽培適地では二〇%以上になる。ブドウ栽培適地とは義理にも言えない日本では糖分はせいぜい一五%前後である。

入門篇で述べたように糖分の重量一%からアルコールは約〇・六容量%生成するから、ワインのアルコールが一二〜一三%に達するには果汁糖分は最低二〇〜二二%が必要である。日本のようにブドウの糖分の集積の悪いところでは補糖といって、砂糖、またはブドウ糖を加えてやる必要がある。

果汁の酸味は酒石酸とリンゴ酸で構成される。通常、酒石酸七〇〜八〇%、リンゴ酸二〇%程度である。酒石酸は果実ではブドウだけに含まれる。

ワインつくりで必ず経験することだが、ワインの発酵が終る頃ともなれば、オケやタルまたはビンの中にキラキラ光る結晶の沈澱が生じてくる。これは酒石（TAR-TAR）と呼ばれるもので、酸性酒石酸カリウムの結晶である。果汁がワインに変化し、アルコールが生じてくるにつれて、溶けにくくなり、析出したものである。

ブドウは根を地中深くのばし、水とともに地中の無機成分（灰分またはミネラル分）を吸い上げるので、果汁中にはかなりの無機成分が含まれている。

特に多いのはカリウムと燐酸で全体の五〇%を占め、次いで、カルシウム、ナトリウム、マグネシウム、鉄、マンガンなどで、灰となって残る成分である。これらのうち、燐酸を除くミネラルがワインの生理的アルカリ性のもととなる重要な灰分である。

ビタミン類では柑橘類に多いビタミンCはあまりないが、ビタミンB_1、B_2、ニコチン酸、パントテン酸など水溶性のものを一通り含有している。これらは果汁が発酵によってワインにかわるとき、酵母の栄養源として消費されてしまうから、ワインのビタミン類はほとんど問題にならない。

▨ブドウからワインへ

ブドウからワインになる劇的な変化を演ずるのは「酒をつくる生物」酵母である。次の高級篇で述べるビールや清酒ではまず、麦芽や米麹が「澱粉の糖化」という第一幕を演じ、次いで酵母という主役に引きつがれるのだが、ワインの場合にはあくまで酵母の一人舞台といっていい。もっとも、一口に酵母と言っても、非常に種類が多く、酒つくりに無関係なものや酒をくさらせる酵母もある。「酒をつくる生物」と言うことの出来る酵母、すなわち、アルコール発酵を正常に行う酵母はほとんど学名「サッカロミセス属」に属する。役者にも歌舞伎、新派、新劇、オペラなどそれぞれの専門分野があり、それぞれに大根役者から名優まであるように「酒をつくる生物」である酵母にも、どうにも鼻もちならない酒しかつくれないものから、素晴らしい味と香りのハーモニイをつくりだすものまで数限りない。

入門篇の「純粋培養酵母のはなし」で述べたものはすぐれた名優のみをそれぞれの専門分野で選出し、保存してあるものである。ワインの場合、「酒をつくる生物」であるサッカロミセス属はさらに細胞の形が円形をしたサッカロミセス・セレビシェと楕円形をしたサッカロミセス・エリプソイディウスに分けられる。

これら酵母は単細胞つまり、一つの細胞が最少生命単位で、主に出芽によって繁殖する。図のよう

第11図　酵母のすがた

サッカロミセス・エリプソイディウス．ワイン酵母（700倍）

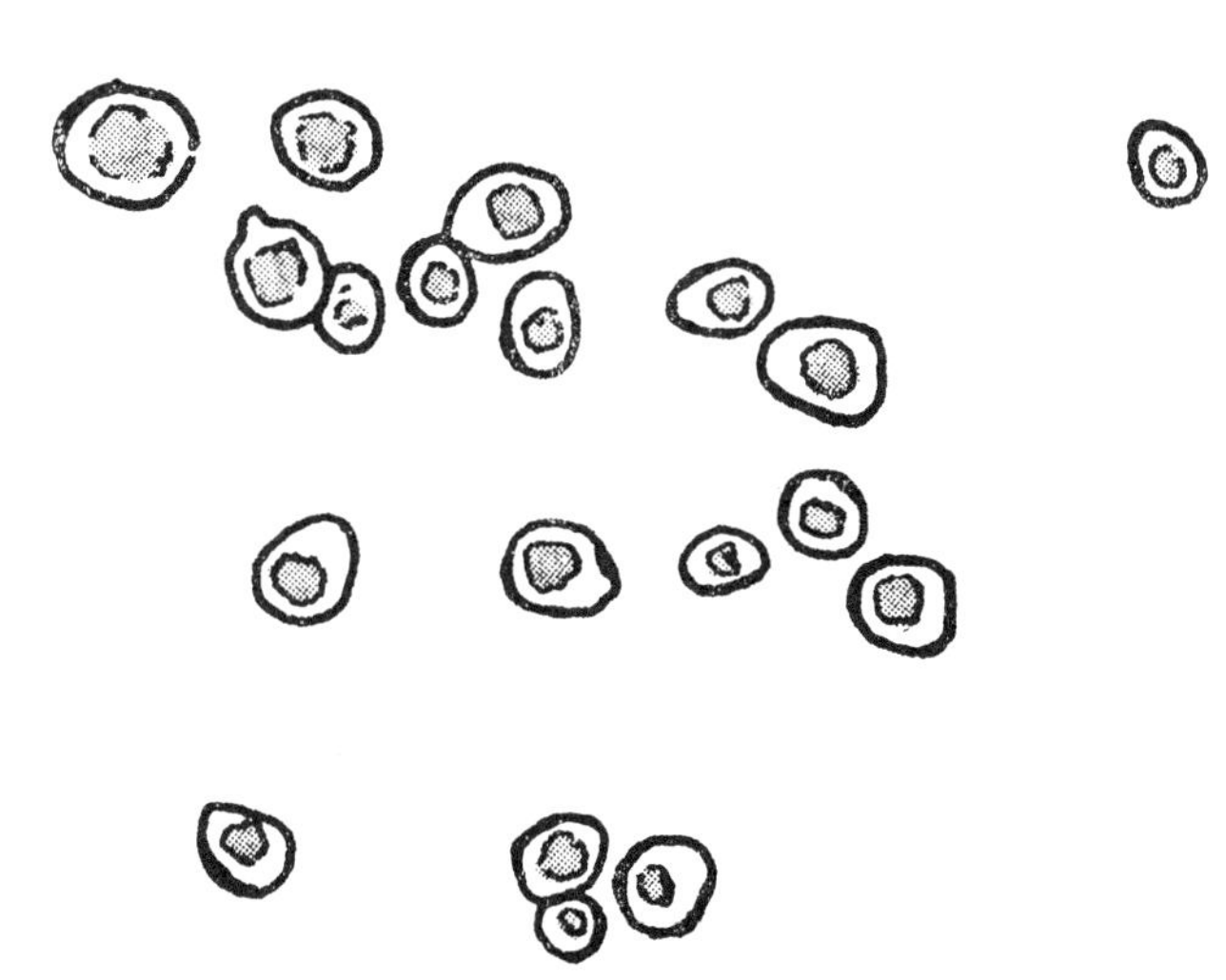

サッカロミセス・セレビレェ．パン酵母（700倍）

に細胞から小さなこぶが出来、どんどん大きくなり、やがて分離して新しい細胞となるのである。

ブドウ果汁は酵母の好む世界である。温度が一五度Cから二五度Cぐらいの範囲であれば、酵母は物凄いスピードで増殖する。増殖するには栄養分を細胞内にとりこまなければならない。その栄養分がブドウの果汁の中の糖分であり、アミノ酸、無機質、ビタミン類である。そのとき、エネルギー源として糖分が使われる。これが発酵である。発酵によって、糖分が炭酸ガスとエチルアルコールに分解される。糖分は消滅し、エチルアルコールは液中に残り、炭酸ガスは泡となって空気中に散逸してゆく。前にも述べたが、発酵という言葉はラテン語でフェルメント（英語でファーメンテイション）だが、これは「泡立つ」ことを意味している。炭酸ガスの泡が出る現象から名付けられた。

科学が未発達の時代は当然のことながら、ワインは自然発酵でつくられてきた。つまり、ブドウをつぶして、自然に酵母が液中に増殖し、発酵を始めてくるのを待つ方法である。ブドウの果汁は酵母にとって、この上ない培養液だから、ブドウの表皮に着生していた酵母、空気中の酵母、発酵のオケに住みついた酵母などがブドウをつぶし、オケに入れるとたちまち繁殖を始め、増殖し発酵を始める。

しかし、自然発酵はリスクも大きい。そこで名優のような、すぐれた純粋培養酵母をあらかじめ培養しておいて加えてやるのである。

フランスの名ワインの醸造場ではその周辺のブドウ畑、ブドウの潰砕機、プレス、発酵タンク、発酵室などあらゆるところに、すぐれたワイン酵母が何百年という伝統とともに棲みついている。そのため特に純粋培養酵母を使用する必要がない。また、そんな酵母を使用しないことを誇りとしている。しかし、アマのワインつくりはそんなわけにはゆかない。

すでに述べたように諸外国では家庭の酒の手造りが密造などという名で禁じられていないから、家庭の酒つくり用の酵母が専門店で売られている。しかしわが国ではそれがない。

それに高温多湿の日本でのブドウ栽培では、ブドウの熟期が近づくと、果房が病虫害におかされぬようにさまざまな農薬が噴霧される。これではワイン酵母の着生する余地はない。農家や果実店からブドウを買い込んでワインを手造りしようとするとき、ていねいに果房を水洗いしたくなるのは当然である。そうすれば、たとえ酵母が着生していたとしても、それは全く頼りにならないものになってしまうのも当然であろう。そこですぐれた酵母がどうしても必要になる。だが日本には現在それがない。売りだす人があればたちまち密造の準備犯でつぶされてしまうだろう。そこで、パン酵母（イースト）を使ったり、自らよいたねとなる酵母を見つけだしたり苦労しなければならないのである。

ともあれ、ブドウからワインへの華麗な変身は果汁の糖分が消え、アルコールが生じ、赤ワインでは鮮明な赤色となり、白ワインでは淡麗な黄金色となったときである。この変身のためには酵母が大活躍しなければならない。酵母の一人舞台なのである。酵母なくしてワインはあり得ない。これだけはどうか、くれぐれも肝に銘じておいていただきたい。

白、紅、赤のちがい

ワインはその色調でわけると白、紅、赤の三つのタイプに大別することが出来る。しかし、白、紅、赤のそれぞれのワインのちがいは単なる色のちがいだけではない。それにこのちがいは製造法のちがいに深くかかわっている。したがって、後述のそれぞれのつくり方のところで詳細に述べるが、ワイン全般の理解を容易にするため、白、紅、赤のちがいを大ざっぱに、それぞれを比較しながら述べてみることにしよう。

勿論、赤ワインは果皮に赤色色素の豊富な黒色系のブドウからしか出来ない。しかし、白ワインの方は果肉が白い品種ならば果皮に赤色色素が豊富な品種からでもつくることが出来る。したがって以下述べることは、白、紅、赤ワインにどんな品種が用いられるかを無視して進めてゆく。

ナチュナルワイン（九五ページ参照）の場合、一方の極に白ワインが、そしてもう一方の極に赤ワインがある。そして、その中間に紅ワインがある。これは色だけのことではない。

例えば渋味の有無である。赤ワインは赤い色素とともにタンニン質の存在が必要である。赤ワインは肉料理とコンビで供されることが多い。そんなとき、タンニン質の有無、多少は重大な意味をもつ。赤ワインの中に溶け込んでいるタンニン質が肉料理の味わいを深めてくれるからである。これに対して、白ワインは魚料理とともに供されるのが通例である。魚料理は味が淡白だからタンニン質は不要である。そして、軽快、淡白な白ワインの方が淡白な魚料理の滋味をそこねることがないのである。

紅ワインはこの場合も、白と赤の中間にくる。

次にワインの糖分についてである。ナチュラルワインの赤の場合、ワインに甘さが残っていてはそれだけで大きな欠点となる。甘さのない完全ドライなワインということが赤ワインの場合、要求される。これに反して、ナチュラルワインの白の場合は甘さが残っていても、それは欠点にはならない。ナチュラルワインの白の場合は糖分が完全にアルコールに変化した完全ドライなものから糖分の残存した甘口のものまで実にさまざま存在するということである。

赤ワインは所謂「かもし」つくりである。ブドウの果粒をつぶして仕込みを行い、そのまま発酵させる。すなわち、果皮、果肉、種子がすべて果汁中に、ひいては発酵液中に漬かった状態で発酵が行われる。この間に果皮から赤い色素とタンニン質が、種子からタンニン質が発酵液中に、ひいてはワインの中に溶出してくる。

柔らかい果皮からの色素とタンニン質の溶出は早く、かたい種子からのタンニン質の溶出は遅い。いつ、この赤ワインのもろみをしぼって、粕と酒液とを分離するかで、色と渋味の調節が出来る。いずれにしろ、赤ワインでは果皮、種子の存在した状態で発酵が行われる。すなわち、赤ワインは「もろみ」発酵であり、粕と酒液との分離は発酵が終ってから行われる。

紅ワインではこの分離を早くしないと色素の溶出が進み過ぎ、紅ワインから赤ワインに進んでしまう。早期に酒と粕とを分けるから、色もピンクであると同時に渋味も少ない。

白ワインの場合は赤ワインとまったくことなる。ブドウの房をつぶしたなら、ただちにプレス（しぼり機）に入れて果皮も種子もとり分けて完全な果汁にしてしまう。果皮も種子も入っていないから色素もタンニン質も溶出してくることはない。したがって渋味はゼロであり、色も白い。発酵はそれから行われる。すなわち、白ワインは果汁発酵である。

赤ワインと白ワインとの差はすべて、この発酵法のちがい、すなわち「**発酵してから、しぼる**」か「**しぼってから発酵させる**」かにかかって来る。しかも赤ワインは果皮の赤色色素が一番多くなった完熟果からつくられる。未熟果では色素の集積が不充分であり、過熟果では色素が不溶性に変化してしまったりして、赤ワインの色調不足となる。

甘いナチュラルワインをつくろうとすればブドウ果の糖分を高めてやらなければならない。ブドウ果の糖分を高めるにはブドウ果を過熟状態にまでもってゆかなければならない。あるいは貴腐といって、ブドウの果皮に特殊なカビ（ボトリティス・キネレア）を繁殖させ、果粒の水分を蒸発しやすくし、果粒がしぼんでしまうまで樹につけて置いて、糖分を高めなければならないのである。だが、このような過熟果、貴腐果からは赤ワインは決して得られない。すでに述べたように赤色色素やタンニン質が不溶性になったり、破壊されたりしてしまうからである。

したがって、このようにして果汁糖濃度を高める方法は白ワインだけに応用出来る技術なのである。すなわち、ナチュラルワインではアルコールは果汁の糖分の発酵だけによって生成されたものでなければならないという制約があるから、ナチュラルワインの甘口は白だけのものということになる。紅ワインにもやや甘口のものはあるが、白ワインのようにはゆかないのである。

ワインつくりのアウトライン

収穫されたブドウは水洗いもせずに、ただちにつぶしてしまうのが昔からのならわしである。畑でつぶしてから醸造場に運ぶ場合も多い。ブドウには農薬として、硫酸銅と生石灰を水で混ぜあわせたボルドー液が古くから世界中、広く用いられている。したがって果粒の表面にはボルドー液が付着している。そのまま仕込むと、このボルドー液の銅が果汁中にとけ込んでくるが、ワインになるとオリ、すなわち沈澱物となって除かれてしまう。

ワイン醸造場に搬入されたブドウはただちに潰砕機にかけられ、つぶされてしまう。このとき、亜硫酸の添加が行われる（この理由については後述）。白ワインの場合は潰砕機から、そのまま圧搾機に入れられ、果汁と粕とに分けられてしまう。

フランスのシャムパンでは黒色ブドウから白いワインをつくるので潰砕機にかけずに、果房をそのまま圧搾機に入れて、しぼってしまう。これは潰砕機にかけてからしぼると時間がかかり、色素が果汁にとけだしてきてしまうからである。

赤ワインの醸造では潰砕機でつぶされたブドウ果を除梗機にかけて果梗をとり除いたのち、ただちに発酵タンクに送られる。果梗をとり除くのは果梗から青くさみや苦みが出たり、余分のタンニン質が溶け込んだりして赤ワインの質をおとすからである。このとき、わが国では補糖といって砂糖やブドウ糖を加えて、果汁の糖分の不足を補充したのち、酵母（酒母）を加え、もろみの発酵工程に移る。古いワインつくりの画などにオケの中にブドウを入れ、足で踏んでブドウをつぶしている光景をえがいたものがある。これは足で踏んでブドウを潰砕しているのである。

赤ワインのもろみ発酵では発酵が始まるにつれて、発生する炭酸ガスとともに果皮が表面に浮んでくる。これを粕帽と呼ぶが、これをそのままにしておくと、表面は酸化し、腐敗をおこし、さらに果皮の色素、タンニン質の抽出が不良となる。そのため絶えず、この粕帽を液中につき沈めてやらなければならない。つき沈める代りに粕が浮び上らないように最初から沈め枠で果皮を液中に沈め込んでおいたり、あるいは発酵タンクの底部のコックから酒液を抜き、ホースで液を循環させ、粕帽の上から液をかけたりすることも行われている。

発酵温度が二五度C前後で進行すると、今まで盛んに発生していた炭酸ガスもおさまり、最初のうちは色の淡い果汁の中に黒い果皮が浮いていたものが、一週間もたつと、酒液に色がつき果皮と酒液の色の差がなくなってくる。色と渋味とのバランスを味見しながら粕をとりわける時期を判定する。

赤ワインの粕の分離は潰砕直後に果汁をしぼる白ワインの場合に比べてはるかに容易である。最初のうちは酒液が自然に出てくるが最後に果皮が残るので、これを圧搾機でしぼる。赤ワインではこの

第12図　赤，紅，白ワインのつくり方のちがい

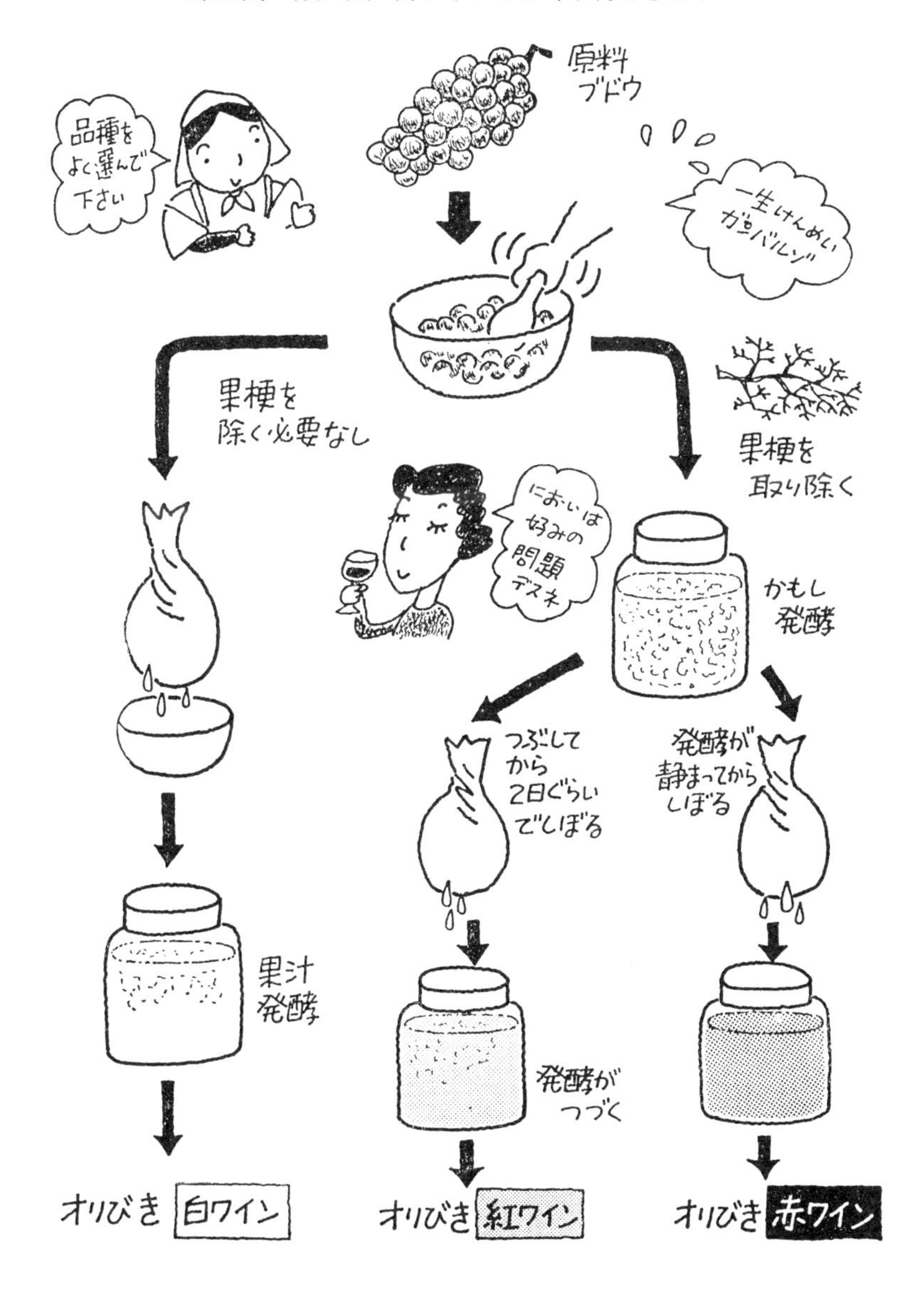

ときに残糖分はすでに一パーセント前後に下っている。そして、その後、ゆるやかな発酵がつづき、結局、糖分はほとんどゼロ、甘味はまったく感じなくなる。

白ワインの場合には圧搾機から直接、果汁が発酵タンクの中に入ってきている。ここにわが国では砂糖またはブドウ糖を補糖し、果汁糖分の不足分をおぎない、ワイン酵母（酒母）を加えて発酵を開始させる。果汁は一晩ほどは発酵を始めない。そのため、フランスなどでは、このあいだにタンクの底に沈澱してくる土や沈澱物をのぞくため、別タンクに移してから発酵を始めさせることもある。これは淡麗な白ワインを得るための一法である。

二〇度C前後の品温で発酵が進行すると、およそ一〇日間ほどで発酵も静まってくる。白ワインには前項で述べたように残糖分が赤ワインのようにほとんど完全に消滅してしまった辛口のものから、中辛、中甘、甘口と糖分の残存度によってさまざまなタイプがある。これは主発酵後の管理でつくり上げることが出来る。

紅ワインは赤ワインの仕込みで、もろみのしぼりの時期をずっと早めればよい。こうして、赤も紅も白も、およそ一ヶ月以内で発酵は完全におさまり、働き終った酵母は酒石やその他の沈澱物とともにオリとなってタンクまたはタルの底に沈んでくる。この上澄み部を別のタンクやタルに移して、オリをとり分ける作業がオリびきである。かくしてワインの新酒が誕生し、新酒はさらに長い熟成の旅に出発する。

第三章　ワイン手造りの実際

さあ、ワインつくりのアウトラインはえがけた。ここまで読んでいただければワインは充分にできるはずだ。しかし、現在、本邦唯一と言ってもよい本書の性質上、以下、ワイン手造りの実際を順を追って詳しく述べることにしよう。本章どおりにやれば、あなたはプロにもなれるはずだ。では――。

▨糖分をはかる

おいしいナチュラルワインはおいしいブドウから得られる。ブドウがよくなければどんなに頑張っても、おいしいワインは出来ない。

太陽のめぐみのようなブドウ果は完熟すると糖分が二四%ぐらいになる。この糖分が完全に発酵するとアルコール分は一二～一三%となり、糖分はほとんど消滅する。

ナチュラルワインのアルコール分は八%程度のものから一三%程度まで、さまざまだが、これは元のブドウの糖分の多少で変るのである。ブドウの糖分が低いとアルコールの生成量は少なく、保存性も低く、飲んでも物足りない。

日本のブドウは気候風土の関係で、ヨーロッパのワイン産地のブドウにくらべて糖分が少ない。通常、一六%程度に達すれば上々で、ときには十二%程度にしかならない場合もある。

そこで、砂糖やブドウ糖をおぎなって、果汁の糖分を二二〜二六%に高めてやらなければならない。これを果汁の改良とか、補糖とか呼んでいる。

補糖を行うには元の果汁の糖分を測定することが必要である。「俺は砂糖など加えない本当のナチュラルワインをつくるぞ」と心に決めて補糖など行わずにブドウ果汁だけでワインつくりをするとしても、最初の糖分を測定しておくことが肝心である。なぜなら、発酵終了時のアルコール度数を、この果汁糖度から推測することが出来るからである。

おさらいになるが、果汁の糖分に〇・六を乗ずるとアルコールの生成限度量がわかる。例えば糖分一六%の果汁が完全に発酵を終了すると、そのアルコール分は16×0.6すなわち九・六%となる。しかし、通常は大気中に散逸したり、発酵されない糖分もわずかながらあったりで、実際に生ずるアルコール分は糖分の半分、すなわち、この場合は一六の半分、すなわち八%程度となる。この果汁に砂糖をおぎなって、糖分を二四%に高めて発酵させたとすればアルコールの生成限度は24×0.6すなわち一四・四％。実際には二四の半分の一二％程度のアルコール分のワインとなる。

化学分析による糖分の測定は実戦的でない。屈折計または浮秤（しょ糖計、比重計）による比重測定、または糖度測定を行うのが手っとり早く、手造りワインには適している（しょ糖計、比重計については三三ページ参照）。

屈折計は果樹栽培農家では果実の糖度を測定するのに必需品だから説明の要はあるまい（計器を購入すれば測定の仕方を図解したものがついている）。図のような屈折計で果汁を通してくる光の屈折度を測定する。糖度が目盛られているから、のぞくだけで、およその糖分がわかる。

第13図　屈折計で糖度を測定する

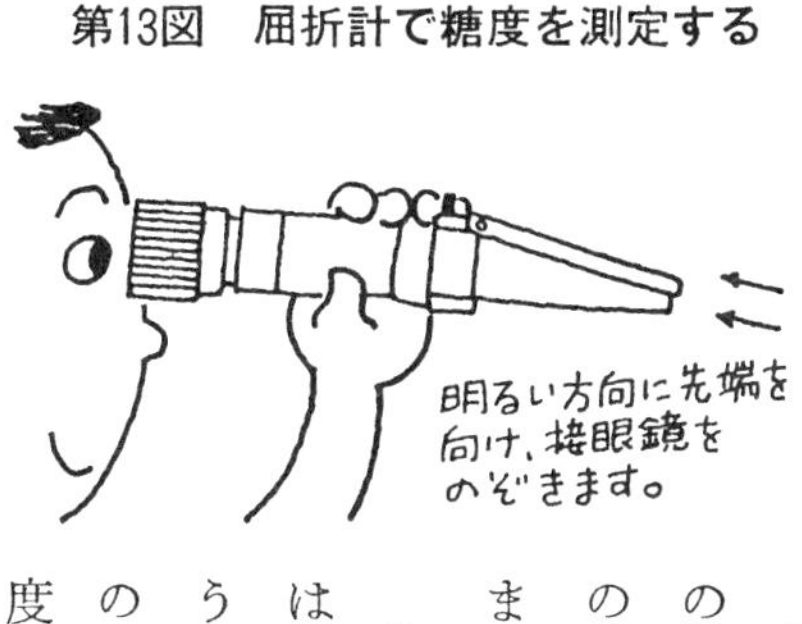

浮秤を使う場合は温度一五度Cにおける果汁の比重をはかり、三四ページの第2表によって糖分に換算する。測定温度は正確に一五度Cにして（果汁の品温をはかり、高ければ冷やし、低くければあたためて）測定するのが望ましいが、手造りではそれほどの精度は不必要である。あくまで目安でよい。比重計の一種にボーリング計、ブリックス計と呼ばれる浮秤がある。これは目盛がそのまま「しょ糖度」（砂糖を水にとかしたときの目盛）を示すようになっている。ボーリング計とブリックス計のちがいは測定温度のわずかのちがいである（ボーリング計は一七・五度Cで、ブリックス計は一五・六度Cで測る）。ブドウ果汁では糖分の他に、酸などがとけ込んでいるので、

ボーリング計やブリックス計で「しょ糖度」を測定したときはその目盛から二を引いた数字が糖分のおよそのパーセントとなる。すなわち「しょ糖度」が一七・五度であれば二を引いて一五・五がおよその糖分パーセントである。あるいはミードのところの第2表で比重に換算してもよい。

▨糖分をおぎなう

前項によってブドウ果汁の糖分を測定したならば、その数字をもとにして、砂糖またはブドウ糖を加えて果汁をおぎなう。すなわち、補糖を行って、果汁を改良する。

日本のワインメーカーは価格が安いので砂糖の代りにブドウ糖を使うことが多いが、補糖にはグラニュー糖が一番適している。しかし、普通の白砂糖でも一向さしつかえない。

補糖後の糖分は二二から二六のあいだが目標となる。補糖量が少なすぎては補糖する意味がない。また、やたらに補糖量をふやしても発酵がうまくゆかない。

糖分の低い果汁を補糖せずに発酵させればアルコール分の低いワインとなる。アルコール分の低いワインはくさりやすいので冷蔵庫に保存しなければならない。

糖分が二四％になるように補糖して、完全発酵させれば保存性のよいワインが出来る。しかし、補糖後の糖分をどれぐらいにするかは赤ワインと白ワインでは多少のちがいがある。この点についてはあとで詳しく述べることにしよう。

第5表　果汁に対する補糖量の表

（果汁1l当りのグラニュー糖g数）

果汁の比重	果汁の糖分 % ＼ 補糖後の果汁糖分	20	21	22	23	24◎	25	26
1.040	8.30	126	137	149	161	173	186	198
1.045	9.65	111	122	134	146	158	171	183
1.050	11.00	97	108	120	132	144	156	168
1.055	12.35	82	94	105	117	129	141	153
1.060	13.70	68	79	90	102	114	126	138
1.065◎	15.05	53	64	76	87	99◎	111	123
1.070	16.40	39	50	61	72	84	96	107
1.075	17.75	24	35	46	58	69	81	92
1.080	19.10	10	21	32	43	54	66	77
1.085	20.45	—	6	17	28	39	51	62
1.090	21.80	—	—	2	13	24	36	47
1.095	23.15	—	—	—	—	9	21	32
1.100	24.50	—	—	—	—	—	6	17
1.105	25.85	—	—	—	—	—	—	2

〈表の見方〉

(1)　果汁の比重1.050の場合，その果汁の糖分は11.0%である。

(2)　果汁の比重が1.065の場合，この果汁の糖分を24に高めるには果汁lにつき，グラニュー糖99gを加えればよい。

(3)　果汁の比重らん◎を横に見て，24のらん◎を下に見て，そのまじわるところの99◎が果汁1lに対して加えるグラニュー糖のg数である。

すでに述べたように白ワインは「果汁仕込み」である。したがって補糖する前の果汁量がはっきりしているから補糖に使う砂糖の量ははっきりしている。第5表で一リットル当りの補糖量をしらべ、これによって補糖量を決定する。例えば比重一・〇六〇の果汁の糖分は一三・七〇%である。この果汁の糖分を二四%に高めるには、表によって果汁一リットル当り一一四グラムのグラニュー糖をとかしてやればよいから、最初の果汁量が二・五リットルであれば、グラニュー糖の量は114×2.5で二八五グラムとなる。これを果汁にとかしてやればよい。

ところが赤ワインや紅ワインではすでに述べたように「カモシ仕込み」であり、果梗だけをとり除いた潰砕果すべてが仕込まれる。

果皮、種子を含み、果汁量はもろみの量よりも少ない。そこで、赤、紅ワインの場合には潰砕果の八〇%が果汁として補糖量を算出してやらなければならない。

すなわち、果梗をとり除いたあとの潰砕果一キログラムの果汁量を八〇〇ミリリットル（〇・八リットル）として計算する。したがって潰砕果の重量が四・五キログラム、果汁の比重が一・〇七〇（糖分一六・四%）だったとすれば、この赤ワインもろみの補糖後の糖分を二四%にするためには補糖表を引くと果汁一リットル当り八四グラムのグラニュー糖を加えればよいから、四・五キログラムの潰砕果の果汁量は、

4.5×0.8で三・六リットル。したがって84×3.6で三〇二・四グラム

のグラニュー糖を四・五キログラムの潰砕果に加えてやればよいことになる。

砂糖の代りに乾ブドウ、または蜂蜜を使っても面白いナチュラルワインとなる。乾ブドウ（糖分七〇%）の場合は二〇〇グラムを果汁一リットルに加えると果汁の糖分が一〇%増えるものとして計算すればよい。乾ブドウはザルに入れ、熱湯をさっとかけ、水切りしてから用いる必要がある。これは乾ブドウの表面に付着している雑菌の混入を防ぐためである。

第14図　ワイン手造りのための器具と容器

蜂蜜（糖分八〇％）の場合は一七〇グラムを果汁一リットルに加えると果汁の糖分は一〇％ふえるものとして計算すればよい。

▨手造りのための器具と容器

計量用のはかり、メジャーカップは手造りを正確に行うためになくてはならない。

ブドウの目方をはかるためのはかりとして、五キログラム程度の上皿スプリング秤、砂糖などをはかる五〇〇グラム程度の上皿スプリング秤、これに薬品など少量のものをはかる天びん秤があれば完璧である。

液をはかるにはメスシリンダーまたはメジャーカップ。小型の一〇〇ミリリットルのメスシリンダーまたは二〇〇ミリリットルのメジャーカップ、中型の五〇〇ミリリットルのメスシリンダー、大

第15図　これだけでワインはつくれる

型の一リットルのメスシリンダー、またはメジャーカップを揃えたい。

果汁や発酵中のもろみなどの品温をはかるための〇〜一〇〇度の温度計、糖分測定のための屈折計または比重計またはしょ糖計。

ブドウをつぶし、果梗をとり除くためのポリ洗いオケ、果汁をしぼるための布、ザル、圧搾用の器具、発酵用のふたつきポリバケツ、広口びん、液をはかるとき、びんにつめるときに用いるジョウゴ（漏斗）、オリびきに使うポリホースなど。これらはどの程度の量のブドウを処理するかによって大きさもちがってくるが家庭で日常用いているものを活用するのが手造りの醍醐味である。例えば、第15図のように、原料のブドウと広口びん、ブドウをつぶす容器があれば、それでまあワインはできてしまう。むずかしく考える必要はさらさらない。

赤ワインの手造り

ワインの品質はブドウの品種、熟度、良否（腐敗果の程度）などで大きく左右される。しかし、わが国における手造りワインの場合、品種をさまざま計画的に選択することなどはまず不可能である。手造りワインは自己満足のよろこびに徹しなければならない。自己満足のよろこびとは手前味噌のよろこびである。市販のワインにえてしてあるゴマカシがこちらにはないという確信だけでよい。美味しさもまずさも手造りワインの楽しみのひとつである。つくることに喜びがあり、意義がある。趣味（ホビイ）としてのワインつくりだから、自分が納得しさえすればそれなりに美味しいし、友にふるまえばこれまた楽しである。多くをのぞむまい。その代り、腐敗果は徹底的にとり除き、よく洗って危険な農薬はすっかり水に流し、安全なワインつくりに徹することでメーカーに差をつけよう。

赤ワイン用の品種　赤ワイン用の優良品種として世界的に有名なのはカベルネー・ソービニヨン、カベルネー・フラン、ピノー・ノワール、メルローなどである。わが国では山梨、山形などでわずかに栽培されているだけで手造り用としての入手はほとんど不可能である。赤ワイン用品種として使えるのはマスカット・ベーリーA（略してベーリーA）ぐらいのものである。この他、果皮に赤色色素が多く、赤ワイン用のブドウとして使えるものはキャムベル・アーリー、コンコード、アジロンダックなどだが、いずれもアメリカ系品種であるから、逆立ちしても高級な赤ワインにはならない。最近は巨峰などが果皮に色素の多い方だが、赤ワインにするには色素が少な過ぎる。北海道、東北などの山地に自生する山ブドウが手に入れば、わが国ならではの貴重な赤ワインとなる。

水洗い 赤ワインの手造りはまず水洗いから始まる。問題の多い中性洗剤などは使わず、流水でよく洗う。洗いながら、カビ果、腐敗果などを丹念にとり除く。

洗い終ったらザルにとって、よく水を切り、果梗から果粒をはずし、果梗をとり除き、重量をはかる。よく洗って水を切っておいた仕込容器(蓋つきポリバケツ、または広口びんなど)にブドウの果粒を入れる。ブドウが七分目程度となるような大きさの容器を選ぶ。すなわち、容器の容量の七〇%前後がブドウの重量だから三リットルの広口びんでは果梗を除いたあとの果粒が二・一〜二・二キログラム入れられる。一〇リットルのポリバケツで、ブドウ果粒が七キログラム程度である。

糖度の測定と補糖 ここで前項の「糖分をおぎなう」で例示したように砂糖の量を計算し、計量して、発酵容器の中のブドウ果粒にふりかける。赤ワインの場合、完全発酵し、糖分が残存しないことが望ましいから、補糖後の糖分は二二〜二四%が目標となる。例えば果汁の比重が一・〇六五のブドウ果粒七キログラムを二四%まで補糖するとすれば第5表によって一リットルに対し九九グラムの砂糖が必要である。七キログラムのブドウ果粒中の果汁量は7×0.8で五・六リットルだから99×5.6すなわち五五四・四グラムの砂糖が必要となる。比重計も屈折計もなく、糖分がわからないときは一応、ブドウの糖分を一六%として、ブドウ一キログラムにつき、砂糖八〇グラムを用いればよい。

潰砕 砂糖の添加が終ったならばただちに、熱湯をかけて洗ったすりこぎまたはきれいに手を洗って、手のひらで押しつぶすようにして充分に果粒をつぶしてしまう。つぶれていない果粒が全くなくなるまで、よくつぶす。すりこぎなどを使うときはタネをくだかないように注意する。手造りでは手でつぶすのが一番である。多い時は絵のように足でつぶすとよい。手や足でつぶすとスキンシップがあり、ワインに愛情が湧いてくる。しかし初めてつくる方は、第17図のようなスタイルで大いにけっこうである。この作業の間に加えた砂糖は果汁にとけ込んでしまう。

ドライ・イーストの添加　長い伝統をもつヨーロッパのワイン産地のブドウにはすぐれたワイン酵母が数多く着生している。そのため、ブドウをつぶすやいなや、これらの酵母は活動を始めるが、手造りワインでは農薬のおそれから、水洗いを充分にしてあるので、天然の酵母は大半は農薬とともに洗い流されてしまっている。そこで酵母をあらためて添加してやらないと発酵はスムースに進まない。あるいは酵母以外の雑菌が先に繁殖してしまう恐れもある。そこでドライ・イーストを加えてやる。

第16図　多量につくるときは足でつぶすとよい

第17図　粒をはずしてつぶす

添加量はブドウ一キログラムに茶さじ一杯程度である。最近、フランスから輸入されているドライ・イースト(Saf-Instant)は非常にすぐれたイーストでデパートや食料品店の洋菓子材料コーナーで売っている。あるいは入門篇で述べた要領で培養し保存しておいた秘伝の自家製の酵母を添加する。それよりもなによりもアメリカやイギリス、フランスなどに旅行したとき、手造り店でワイン用のドライ・イーストを各種買い込んでくることだ。日本はその点、全く不自由な国である。手造りワイン用の優良酵母を売りだす勇気のある人はまだ現われない。残念至極である。

酵母の添加は補糖と同時に行うとよい。ブドウの潰砕が終れば仕込みも終了である。仕込み容器の内壁に付着した果汁、果皮などを、熱湯にひたしたのち、かたくしぼった布できれいにぬぐい取る。猩々蠅(しょうじょうばえ)などがまぎれこまぬように蓋をきちんとする。ビニールシートをかぶして、その上から蓋をするとよい。蓋のない容器ではビニールシートをかぶせ、きちんとひもまたはゴムバンドをかけておくとよろしい。広口びんのネジキャップはきつくしめてしまうと発生した炭酸ガスの逃げ場がなく、びんが破裂するおそれがあるので、のせておく程度にしておく。

第18図　ドライ・イーストを活性化させて添加する

（やり方は仕様書に書いてある）

部屋の温度は二〇度C前後がいい。発酵が始まると発酵熱で品温は二五度C前後となる。一両日で発酵は盛んになり、炭酸ガスが発生し、果皮がもろみの表面に浮き上り、所謂、粕帽を形成するようになる。この粕帽の部分は発酵熱がこもるので温度が急昇しやすい。三〇度にもなるとあたたかい温度と空気を好む細菌が、この粕帽の部分に繁殖をはじめ、ひどい場合にはワインがすっぱくなり、酢のような匂いがついてしまう。これが所謂、酢酸敗である。

これを防ぐには、この粕帽を清潔な杓子で、毎日、できれば午前と午後、各一回つきくずし、かきまぜ、液の中につき込んでやる。この作業は同時に果皮からの色素とタンニン質の溶出、種子からのタンニン質の溶出に役立つことになる。最初は緑がかった果汁の中に黒っぽい果皮が浮いているだけであったものが、発酵が進むにつれて果皮の色は薄くなり、果汁に色が移ってくる。五、六日もたつと両者の色に差がなくなってくる。

赤ワインの重要な特性は渋味であるが渋味の少ない軽快な赤ワインを望むならば、この時点で粕を分離する。渋味の多い、重厚な赤ワインを望むならば、粕の分離を行わず、発酵を続行させる。タネからのタンニン質の溶出はゆっくりなので出来るだけ長く液につけて置いてタンニン質を溶出させる必要があるからである。

したがって粕をいつ分離するかの判定は軽快な赤ワインを望むか、重厚な赤ワインを望むかでちがってくる。紅ワインではこの粕の分離時期がさらに早くなる。すなわち、ほとんど果皮から赤色色素がとけ出さないうちに、しぼり、粕を分けてしまうのである。

搾汁　しぼり方はオケの中にザルを入れ、この中にもろみをあけてやればよい。ザルをゆすりながら流下する酒液をとりわけたのち、手のひらで圧するようにするとほとんどの酒液をとりわけることが出来る。発酵が進行すると果肉がとけ、液がとりやすくなるのである。発酵させぬうちに果汁をしぼりとる白ワインはこうはゆかない。

ザルに残った粕はサラシまたはナイロンストッキングでしぼりとる。最初に自然に流下してくる酒は軽快で、色も心もち淡色、果皮をしぼって得た酒液の方が渋味も強く、重厚で、色も濃い。この両者をまぜ（好みによっては別々にして置いてもよい）、放置しておくと、ゆっくりと**後発酵**が進行し、残っていた糖分も完全にアルコールと炭酸ガスに変ってしまう。

この後発酵の段階では広口びんも、ポリ容器も不要である。びんに移し、なるべく、びんの空間を少なくして、フタをゆるやかにして置く。

発酵中は盛んに炭酸ガスを発生し、これによって空気を遮断していたが、発酵がおとろえ、さらに発酵を終了すると、ワインは空気中の酸素を吸収して、酸化が始まってくる。おだやかな酸化は熟成のために必要であるが、急激な酸化は品質を劣化させる。そのため、出来るだけ空気にふれる液面を少なくして、後発酵を進行させなければならないのである。そんなわけで粕を分離させてからの後発酵はびんが便利である。特に中のよく見える透明びんがよい。それは、次の作業のオリびきのとき、オリが見えて、作業がやりやすいからである。

赤ワインの手造りは一応、この新酒誕生でジ・エンドである。あとの作業は赤、紅、白、いずれも同じなので、まとめて、白ワインの手造りのあとで述べよう。

白ワインの手造り

白ワインはすでに述べたように「しぼってから発酵させる」果汁発酵でつくられる。果皮や種子がすでにとり除かれていて果汁中に存在しないから、タンニン質や色素が溶け出ることがない。したがって白ワインは淡白、軽快な酒質で、日本人の淡白な嗜好にぴったりである。赤ワインが欧米人の肉食獣的嗜好にぴったりの酒とすれば、こちらは草食獣的嗜好の日本人になじみやすい。言うならば日本人の民族の酒・清酒の延長線上にある酒だ。

くりかえして強調するが白ワインは渋味があってはいけない。色も淡黄色ないし、少し緑がかって見える黄色ないしは美しい黄金色であって欲しい。番茶色はダメである。さらにグラスに注いだとき、輝やくようなテリのよさも必要である。これは白ワインを手造りするときの最大のポイントとなる。

潰砕したブドウ果から果汁をしぼるとき、時間をかけると果皮や種子と果汁とが長く接触していることになり、あとでワインの色を悪変させる要因となる。種子をつぶしたり、果皮を必要以上にくだいたりすることはさけなければならない。したがって電動ミキサー、ジューサーなどの使用は不可である。果皮、種子をできる限り傷つけずに潰砕し、潰砕したら、時間をおかずに、ただちにしぼらなければいけない。


白ワイン用の品種　白ワインは黒色系のブドウからもつくることが出来る。果肉が白色で、しぼって色のついていない（ついていても、わずかにピンクがかった程度までは大丈夫）果汁が出るブドウはすべて白ワイン用に使うことが出来る。

したがって、マスカット・ベーリーA、キャンベル・アーリー、コンコード、アジロンダックなど軽くしぼれば白色果汁が得られるので、すべて白ワインとなる。

シャムパンの生産地として有名なフランス・シャムパーニュ地方などは実際に黒色系のピノー・ノワールから美しい黄金色の白ワインをつくっている。

しかし、わが国における本命の白ワイン用ブドウといえば「甲州」にとどめをさすであろう。これはすでに述べたように、はるか昔にシルクロードをたどって、はるばる日本にやって来た純系のヴィニフェラ系（ヨーロッパ系）のブドウである。それこそ、本職、素人の区別なく、美味しい白ワインの美酒となる。「甲州」を使って本職のワインメーカーにチャレンジしよう。ことによると君のつくった甲州の白ワインのほうがはるかに美味しいものになるかも知れないのだ。注意することはつぶしたら、ただちに果汁をとりわけること。「甲州」の果皮は赤紫色だから、早く果汁をしぼらないとあとで色が悪くなり、淡麗な白ワインとはならない。コツはそれだけである。

白ワイン用の品種としてはこの他、ネオ・マスカット、巨峰、デラウェア、レッド・ミルレンニウム、ローズ・シオターなどがある。ネオ・マスカットはヨーロッパ系ブドウではあるが特有のマスカット香があり、また清澄しにくい性質がある。デラウェアはどこでも手に入りやすいブドウだが、こちらはラブラスカ系のブドウで本格ワインには好ましくない特異臭があり、さらに果皮が濃赤褐色で、手早くしぼらないと出来上ったワインが褐変しがちである。巨峰も元来が生食用（くだものとして食べるためのブドウ）だから、高級な白ワインは到底期待出来ないブドウである。レッド・ミルレンニウム、ローズ・シオターも同様である。

ヨーロッパの有名な白ワイン用品種はセミーヨン、ピノー・ブラン、シャルドンネ、リースリングなどである。日本ではごくわずかしか栽培されておらず、これらは果物屋さんの店頭などには決して現われない。したがって白ワイン手造りの原料ブドウとしては高嶺の花だ。

水洗い・水切り・潰砕・搾汁　白ワインの手造りもスタートは赤ワインの場合と全く同じである。水洗い、そして水切り。次は潰砕と搾汁となる。

赤ワインの場合には果梗を取り除いたが、白ワインの手造りではその必要はない。ザルの中に水洗い、水切りしたブドウの果房をそっくり入れて、両手のひらでもみしだくようにして、つぶしてゆく。果梗はこのとき、果汁の流出を容易にする助材の役割をはたす。

果肉でザルの目はすぐにつまってくるので、果梗でこするようにして目づまりを直しながら出来る限り、自然流出液をとりわける。

ブドウ果房重量のおよそ五〇％、すなわち一キログラムのブドウから五〇〇ミリリットルほどの自然流出液が得られる。英語でフリーラン・ジュースと呼ばれる、この自然流出液はほとんど圧搾することなく潰砕果から分離されてくる果汁で、品質のよい白ワインが得られる。淡白、軽快な白ワインはぎゅうぎゅうしぼった搾汁からは決して得られない。圧搾汁の白ワインは褐変しやすく、また、酒質も重厚になりがちである。

ザルの中に残った粕はサラシの布にあけて、包み、洗って目づまりを直したザルに入れ、重石をかけて圧搾汁をとる。六時間程度、じっくりと圧力をかけてしぼっても、生ずるプレス・ジュース（圧搾汁）は元のブドウ果一キログラムからおよそ一〇〇ミリリットル程度である。したがって、白ワイ

第19図　発酵栓の拡大図

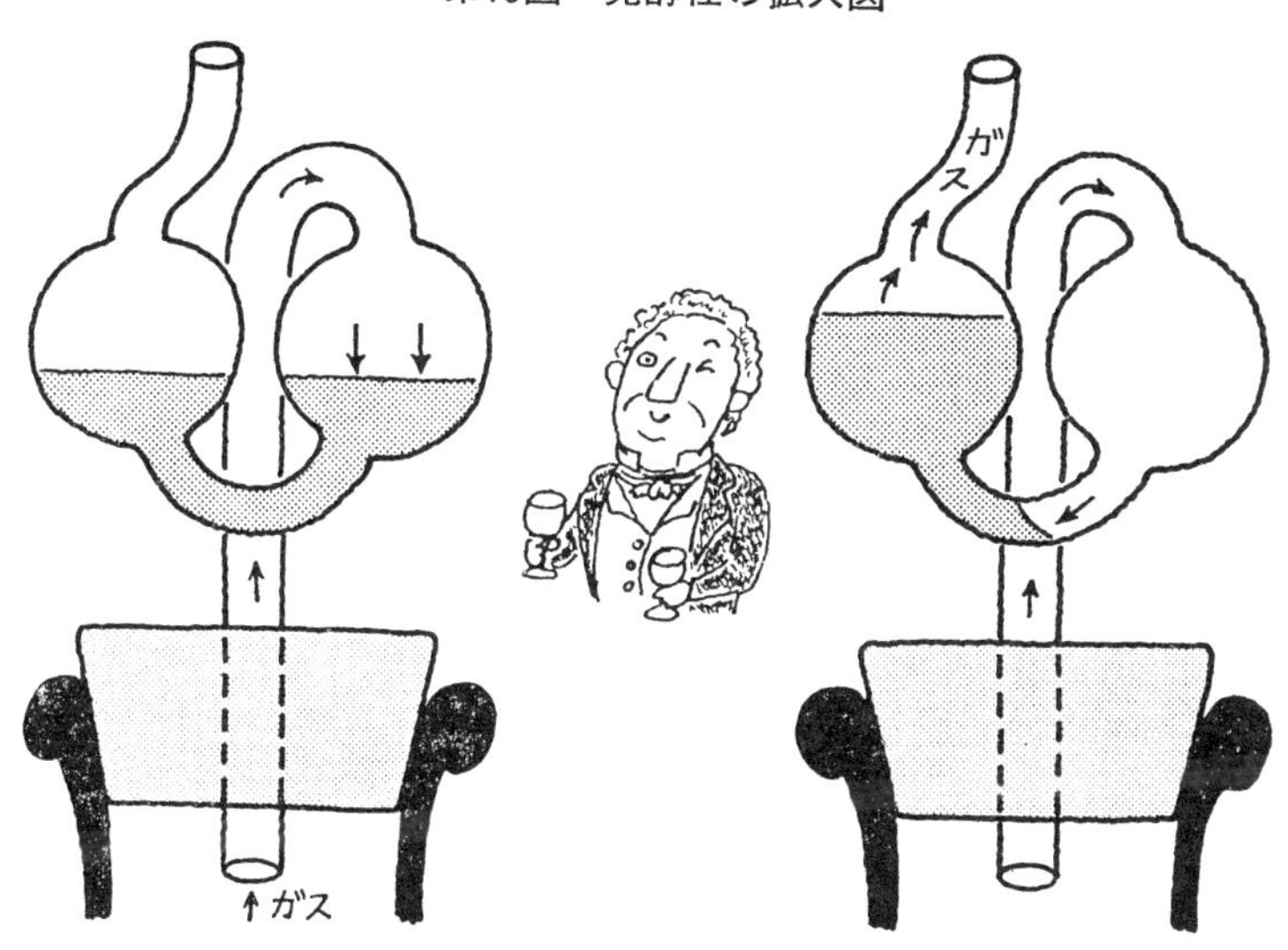

①指示線まで水を入れる。
②容器の中のガス圧が強くなると水をおし上げて，ガスが抜けていく。

ンの収得量はブドウ果一キログラムから、自然流出液と圧搾汁とをあわせて六〇〇ミリリットル程度、およそ六〇％である。しぼり切れない果汁が粕の中におよそ二〇％程度残っていることになり、専門のワインメーカーはこれをさらに無理してしぼり、下級ワインにしたり、ブランデー原料用のワインをつくったりするが、手造りワインではそこまでしぼることは不可能である。無理をしない方がよい白ワインとなる。

自然流出液を一番しぼり、圧搾汁を二番しぼりとして、この両者は別々に発酵を行わせた方がよい。二番しぼりをまぜると折角の一番しぼりの品質ががた落ちとなる。

糖度の測定と補糖　ここで果汁の量をはかり、比重を測定し、補糖量を決定する。

第20図　手製の発酵装置

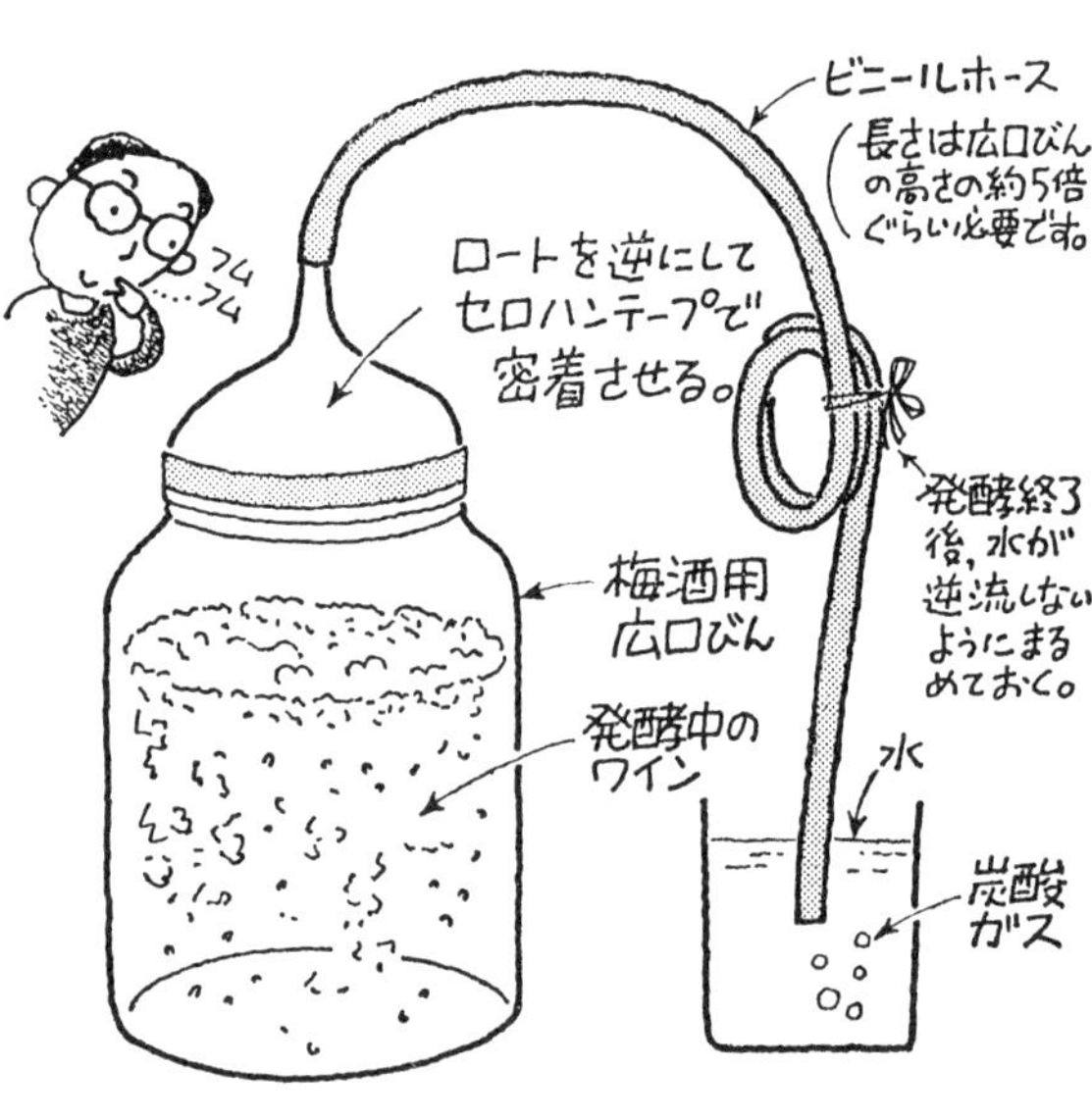

砂糖をとかし、常法どおりに酵母または酒母を加え、次の工程に移る。

白ワインの果汁発酵は**密閉発酵**である。出来る限り空気にふれさせることなく、発酵によって生じた炭酸ガスで発酵容器の空間を充満させ、炭酸ガスを逃さずに発酵を行わせるのが密閉発酵である。そのためには第19図のような発酵栓という特別なシールの手段が考案されている。

白ワイン手造りの果汁発酵は四合びん、一升びん、ガロンびん、梅酒用広口びん、斗びんなどを果汁の量に応じて使いわける。発酵栓の入手が困難なときはそれぞれ第20図のような工夫をこらせばよい。

びんの中に入れる果汁の量はびん容量の八〇%、すなわち二リットルびんならば一・六リットル前後の果汁を入れる。入れ過ぎると発酵中に炭酸ガスの泡が出て、あふれる恐れがある。少な過ぎると空間が広過ぎて、完全な密閉発酵が困難になる。

赤ワインの場合にはドライで（糖分がなく）適度の渋味（タンニン質）があることが必要であるから果汁の糖分をおぎなうにあたって多からず少なからずが原則となる。補糖後の糖分が高すぎると糖分が残って甘くなったり、アルコール分が高くなったりする。補糖後の糖分が低すぎると渋味の抽出も不充分だったり、アルコール分が低くて補糖の意味をなさない。したがって赤ワインの場合には補糖後の糖分はおのずから二二〜二四％の範囲にしぼられてくる。

補糖を変えて好みの白ワインを　ところが白ワインはそうではない。非常にドライで軽快なものから、甘味の強いスイートタイプまで実にさまざまである。したがって、つくりだそうとする白ワインのタイプによって補糖後の糖分を二二〜三〇％ぐらいまで、さまざまに変えて、出来上りの白ワインをバラエティにとんだものとすることが出来る。

すなわち、同じ果汁でも補糖が少なければアルコール分が低く、ドライな白ワインとなる。これは発酵がさっと終り、糖分が残存しないのだから当然のことである。ところが補糖量をある程度以上にふやすとワイン酵母も糖の全部を発酵し切れず（すなわち、アルコール分が高まるにつれて、か弱き酵母クン達は全部の糖をたべ切れず、たべ残してしまう）、かくしてアルコール分も高いが、糖分も数％残存したスイートタイプの白ワインとなるわけだ。

このように補糖量をかえることで極辛口、辛口、半辛口、半甘口、甘口、極甘口とさまざまなタイプの白ワインをつくりだすことが可能となる。

もっとも補糖だけでこんな風にさまざまなタイプの白ワインをつくりだすことは本当を言うと、ごまかしで非常に邪道である。しかし、手造りワインは人に売るワインではない。商品ではない。自分で納得して楽しむ分には決してごまかしにはならない。補糖量を変化させて、さまざまにタイプのちがった白ワインの手造りを楽しもうではないか。

と言っても補糖後の糖分はくれぐれも三〇%どまりである。あまり果汁糖度を高めると、ワイン酵母は最初から発酵を起こさなくなったり、アルコール分が充分に生成しないうちに発酵をストップしてしまったりする。そこはまさにすぎたるは及ばざるがごとしという諺のとおりである。

発酵を始める前の果汁は青臭い匂いがして、そんなに美味しいものではない。ところが、酵母が繁殖して発酵を始めると、えもいえぬ香気がただよいはじめる。飲んでも実にフレッシュでおいしいものである。

だが発酵中の香気という点からすれば、米からつくるドブロクの方がはるかに素晴らしい。それは果実香と言ってもいい芳香を発生する。だが残念なことには発酵が終るころにはこの香気があとかたもなくなるから不思議である。

本職のつくる清酒で、この果実香の残った素晴らしい酒がある。これは吟醸香といって、超高精白米をつかい、非常に高度の酒造技術を駆使して醸造した清酒のみに存在する香気である。このような清酒は現代清酒の粋で、吟醸酒と呼ばれている。

精白度が一割程度の飯米で手造りするドブロクでは、残念だが、この吟醸香だけは無理。せいぜい発酵中に生ずる芳香をかぐ程度で我慢しよう。さて話が少しわき道にそれてしまった。もとにもどろう。

発酵温度　白ワインの発酵温度は低い方が、出来上ったワインの質がいい。酒質が上品になるのだ。これは繊細微妙な白ワインの芳香が逃げずにワインの中に残るからである。赤ワインでは果皮の色素、タネの渋味の溶出をよくするために発酵温度が低すぎてはいけないが、白ワインではそれがないから、低温の方がいい。普通、**一五～二〇度Cが望ましい**。といって、これよりさらにひくい温度では酵母の活動がにぶって発酵がはじまらない。低温性の酵母を使えば一〇度Cぐらい（冷蔵庫の温度）でも発酵するが、これはアマの手造りでは現時点では残念ながら不可能だ（そんな酵母の入手が困難）。

品温二〇度Cぐらいで発酵が進むと約一〇日前後で旺盛な発酵は終り、泡も少なくなってくる。びんをすかして見ると泡が盛んに出て、液も流動し、フタをとって耳をよせると、シャーという音をたてていたのが静まってくる。酵母の息吹である。一ミリリットル当り億単位の酵母が活躍していたのである。これが静まる頃には、口に含むとまだ炭酸ガスも残っているが、まさしく、白ワインの新酒の誕生である。おめでとう。あとの作業は項をあらためよう。

▨ワインと亜硫酸――君はどちらの道を選ぶか

赤ワインが美しい色調を失い茶褐色となり、白ワインが美しい黄金色から、番茶のような茶色に変化してゆくのを見た読者も多いことであろう。これは古くなったワインに起る現象で、専門的用語では褐変という。この褐変にともなってナチュラルワインはその生命とも言える香気を次第に失ってくる。このように色あせたワインは酸化が進み過ぎたもので、ワインの老化現象とも言えるだろう。

この現象はリンゴをすりおろして、しぼり汁をつくると次第に褐色に変ってくる現象と同じである。ワインをはじめとする果実の発酵酒のこうした褐変を防ぐために使われる添加物が亜硫酸である。亜硫酸は硫黄を燃やすときに生ずる物質で、昔からタルの中で硫黄を燃やして亜硫酸ガスを充満させ、この中に果汁やワインを送り込むことによって、亜硫酸をワインの有害菌の殺菌や、ワインの褐変防止、老化防止に利用してきた。商品としてのワインをつくるとき亜硫酸はワインの保存性、安定性をいちじるしく高めるので、亜硫酸はワインメーカーにとって必要不可欠の添加物となっている。商品としてのワインは亜硫酸なしではつくれない。商品としてのワインのラベルには必ず、どこかに酸化防止剤含有と書かれているのは亜硫酸を添加してありますという動かぬ証拠である。

亜硫酸を添加するには現在では硫黄を燃やしたりするようなめんどうなことをせずに、メタ異性重亜硫酸カリ、次亜硫酸カリ、次亜硫酸ソーダなど白い粉末の薬品が使われている。写真の現像の還元液に用いる薬品と同類である。これの一定量をワインや果汁中に投入すると、たちまち亜硫酸を発生し、亜硫酸が果汁やワインの中に溶け込むしくみである。大きなワインメーカーではボムベづめの無水亜硫酸を直接、ワインの中に吹き込んで、亜硫酸の添加を行っているほどである。

食品添加物の安全性が問題にされている今、亜硫酸というとびっくりされる人も多いと思う。そこをおもんばかってワインメーカーも亜硫酸添加などと表示せずに「酸化防止剤」などという表示にすりかえているのだ。確かに空気中の亜硫酸は人体に有害である。亜硫酸ガスが多ければ他の有害物質も多いから空気中の亜硫酸ガスの量は常にチェックされなければならない。しかし、亜硫酸は呼吸によって肺に直接入るときはその毒性は直接的であるが、食品や飲料などに含まれて、経口的に私達の身体に入るときは毒性の限度は非常に低くなると言われている。炭酸ガスと炭酸水（ソーダ水）との関係と同じである。

ワインの中の亜硫酸は人体に害がないということはワイン産国のドイツ、フランスで証明され、全世界的に広く、ワインの添加物として用いられている。ワインの中の亜硫酸の許容限度は安全性を充分に考えてきめられており、国によって多少の差はあるが、わが国では亜硫酸の許容限界量は食品衛生法によってワイン一リットル中に二酸化硫黄として三五〇ミリグラム（三五〇ＰＰＭ）以下ときめられている。

ワインの手造りにおいて亜硫酸を用いるか用いないかは手造りする本人の意志によって決められるべきことである。添加物は断固使わないか、使うかはすべて君の問題である。

少し古い話となるが、一九七二年当時、ソ連の人間国宝となった一三八歳のラスリヤ・フハフ・ジャンドヴナさんは四十歳以降、約百年の長きにわたって（今でもお元気かも知れない）毎日、自家製の純粋ワイン（砂糖など補糖せず、まして亜硫酸など全く添加していない手造りワイン）を食事のとき、三度三度、必ず適量飲み、人にもすすめていたという。まさにワイン健康法を地でいったお手本のような話である。

このような天然のまったく正真正銘のナチュラルワインを飲みたいという人は手造りだからこそ可能である。それは市販のワインには亜硫酸が必ず使われているからである。そのかわり、手造りワインの多少の褐変や保存性の悪さ、野暮ったいところには目をつぶらなければならない。

▨プロ的なワインの手造り――亜硫酸の添加

一方専門メーカーが使っているなら、自分も亜硫酸を使って、プロ的なワインを手造りしたいという人は次のように行えばよいであろう。

薬局で食品添加規格または試薬特級規格のメタ異性重亜硫酸カリ（別名メタカリ）または次亜硫酸ソーダ、次亜硫酸カリを購入する。これらの薬品はワインに加えると重量のおよそ半分の亜硫酸を発生する。使用量はひかえめにして、亜硫酸濃度を一リットル中一〇〇ミリグラム（一〇〇ＰＰＭ）とするには一リットルに対し、〇・二グラムのメタカリ（または次亜硫酸ソーダ、次亜硫酸カリ）を加えればよい。

添加は早ければ早いほどよい。なぜならば、ブドウは潰砕されるやいなや、さまざまな微生物が繁殖を開始するからである。したがって有害な微生物を出来るだけ早期に殺滅するか、または増殖するのを阻止しなければならない。それには亜硫酸を出来る限り早期に添加した方が有効である。一方、他の有害菌にくらべて、酵母は亜硫酸に比較的、耐性がある。そのため、この程度の添加量では全然、酵母の増殖を阻害することはない。したがって、ブドウを潰砕する直前にブドウにメタカリをふりかけてから潰砕を行えばよいのである。

亜硫酸を発生し始めると硫黄を燃やしたときのような匂いを発し、黒色系ブドウの色調は漂白されたように淡色となり、褐色系ブドウ、緑色系ブドウの果汁の色も淡くなるが、これは一時的なものである。

硫黄を燃やす方法での亜硫酸の利用はローマ時代ごろから行われていたとも言われ、亜硫酸とワインとは実に古いきずなで結ばれている。食品添加物としては優等生の部類に入るかも知れない。ともあれ、使うか使わぬか、どちらの道を選ぶかは君の掌中にある。

手造りワインの熟成とオリびき

かくして、ブドウは酵母の働きでワインに変身をとげた。だが、この新酒の段階ではワインはまだ生れたての赤ん坊の状態である。この誕生したばかりの幼いワインが一人前に成長してゆく過程が熟成である。

酵母という「酒をつくる生物」はすでに役目をはたした。あとはワインの中でさまざまな物理化学的な反応だけが静かに進行し、熟成のドラマをえがきだすのである。

ところで、ワインの熟成というと、どうしてもカシの洋樽が連想される。それは後発酵の終ったワインの新酒はカシの洋樽につめて静かに眠らせなければならないという考えが常識化しているからである。そのあいだに樽の中のワインの内部ではゆっくりではあるが大きな変化が起り円熟したワインとなって目覚める。

しかし、洋樽につめなければワインが熟成しないというのでは、わが国でのワインの手造りは不可能に近い。何故ならば、日本では小型の洋樽の入手は非常に困難であるし、入手出来たとしても非常に高価なものとなるからである。だが、悲観することはない。

今日では欧米でも樽で熟成させるワインはきわめて少なくなっている。大量生産型のワイン工場では樽ばなれは急速に進んでいる。樽で熟成させ、さらにこれをびんに詰めて、びんで熟成させるワインは生産量のごくわずかな高級ワインだけである。したがって、ワインの手造りも、洋樽で熟成させることが出来ないからといって劣等感を抱く必要は全くないのである。

ワインの大メーカー達が大型タンクで大ざっぱにやるところを、こちらは、ごく小型のびんで、丹

第21図　サイフォン式のオリびきのやり方

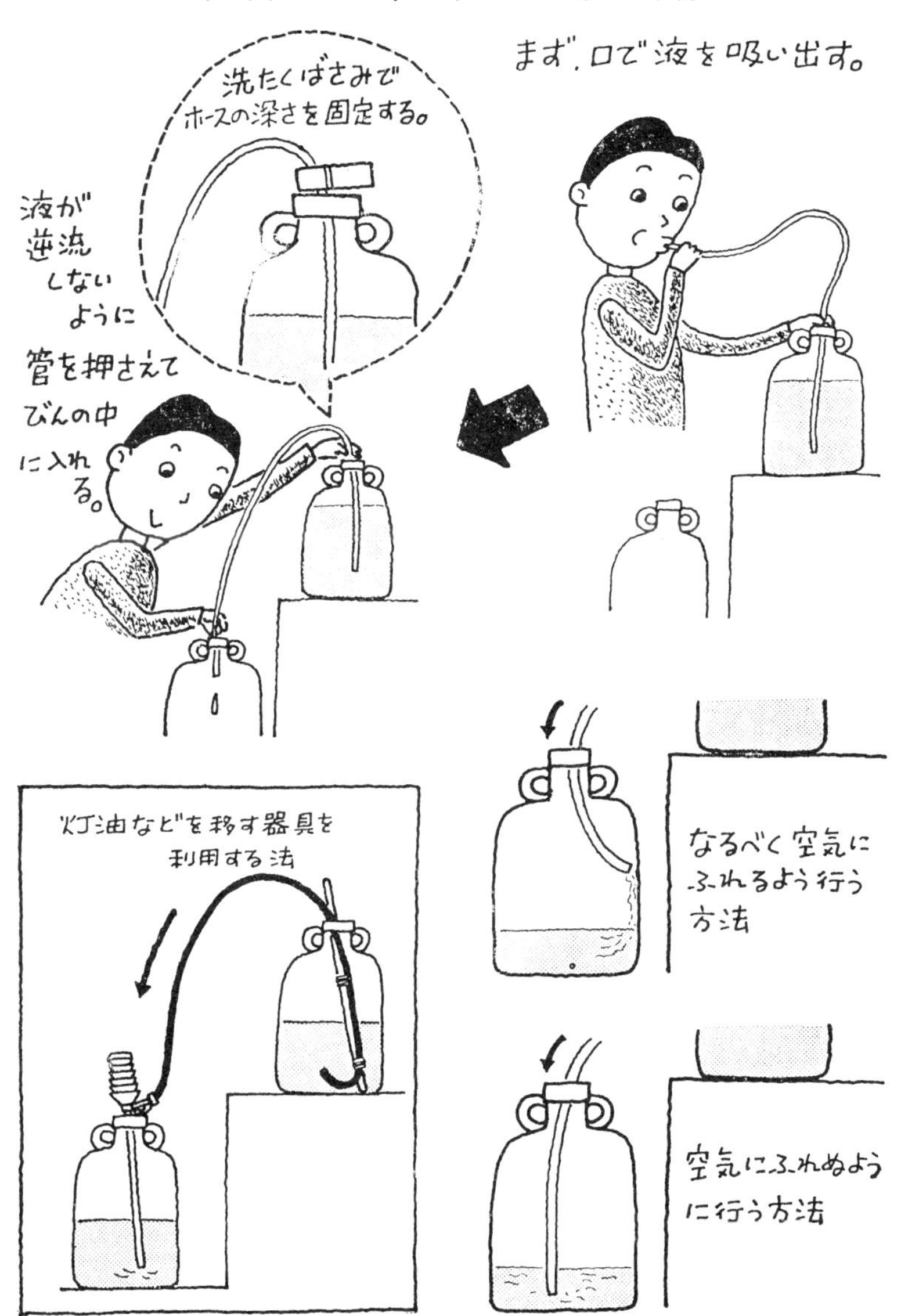

念にやるだけのこと、本質は全く変りはないのである。さて――。

後発酵の終った段階のワインの新酒はまだ、うっすらと濁っていて、香りもそれほどよくない。口にふくむと、炭酸ガスもわずかだがまだ溶け込んでいることがわかり、酵母臭ともいうような荒さがある。そして、この時点でも、発酵容器の底には沈澱物が生じている。

これは仕事を終えた酵母が次第に沈降をはじめているからである。それにアルコールが生ずるにつれて、それまで果汁の中に溶け込んでいた酸性酒石酸カリが結晶し、沈澱を始めている。ワインの中に生ずる石という意味で酒石と呼ばれている。沈澱物はこれらを含めて、オリ（滓）と呼ばれている。このオリは熟成のあいだにも生じてくる。これをワインから取りわける作業が「オリびき」である。

後発酵を終えた状態で、この沈澱物をまず、とり除いてやらなければならない。その方法は手造りワインでは、びんを静かに傾けながら、上澄みの部分だけを別のびんに移せばよい。あるいは第21図のようにサイフォン式で行うことも出来る。

こうして新酒は新しいびんに移し、満量につめ、軽く、ふたをびん口にのせておく。オリびきの結果生じたオリは、びんにつめて静置しておくと、さらに上澄みが出来るから、もう一度、この上澄みを分別する。最後のオリはパンやケーキのパン種として活用すればよい。また、よく出来たワインのオリは優れた酵母が大量に存在するから小びんに詰めて大切に冷蔵し、他の手造り酒用の酵母として活用することが出来る。

手造りワインの熟成は一升びんまたは斗びんを活用するとよい。一升びん一〇本あれば新酒を一八リットルほど熟成させることが出来る。軽くコルク栓をして冷暗所に置けばよいのである。

こうして熟成段階に移行したワインは、日ましに変化してゆく。その中でいちじるしい現象は炭酸ガスがオリびきの過程で抜けてゆくこと、濁りが沈澱して次第に透明度がよくなってゆくことである。そして、酵母臭と表現されるような生々しい匂いもうすれてくる。そして、酒石もひきつづいて結晶し、沈澱してくる。酒石は溶けているうちは酸味を有しているから、この酸味物質が結晶し、沈澱するにつれて、その分だけ酸味もやわらいでくる。これらが熟成の物理化学的変化である。手造りのワインでも、市販のワインでも、全く同じように、この熟成の現象は進行する。

秋の終りに（あるいは冬の始まりに）熟成過程に入ったワインは寒い冬をこすうちに濁りがかなり沈澱し、透明度を増してくる。早春の一日、ここで、熟成過程に入ってから最初のオリびきを行うのである。斗びんで熟成させてあったものは新しい斗びんに移し（あるいは新しい一升びんに分注する）、一升びんで熟成させてあったものは新しい一升びんに移す。この時、品質を一定にするため、大きな容器に上澄み液だけをまとめ、これをさらに一升びんに詰め直してもよい。

さて、このあたりで、いささか高度な熟成現象について言及しておこう。それはマロラクチック発酵と呼ばれているもので、熟成中のワインの中で行われる。

ブドウ果汁中の有機酸は酒石酸（主として、酒石、すなわち酸性酒石酸カリの形で存在）とリンゴ酸で構成されていることはすでに述べたとおりだが、熟成中にある種の乳酸菌が繁殖し、ワインの中のリンゴ酸（マリック・アシッド—英語）を乳酸（ラクチック・アシッド—英語）と炭酸ガスに変えることがある。この現象がマロラクチック発酵と呼ばれているものである。一分子当りの乳酸の酸度はリンゴ酸の酸度のちょうど半分であるから、リンゴ酸が乳酸に変るマロラクチック発酵が熟成中に行われると、ここでも酸味はやわらいでくる。

北国のブドウ産地、たとえばドイツ、スイス、フランスのブルゴーニュなどではどうしてもブドウに酸味が多い。熟成中にこのマロラクチック発酵を促進させてワインの酸味をやわらげる。一方、南フランス、カリフォルニア、オーストラリアなどの暖地ではブドウは酸味不足になりがちである。このような産地ではマロラクチック発酵はむしろ抑制させた方がよい。

手造りのワインではこれはいささか高度の技術である。それに日本のブドウではむしろ、マロラクチック発酵は抑制させた方がよいと言われている。

マロラクチック発酵を促進させるには、熟成にあたって亜硫酸の追加をせず、冬の間、ワインをあたたかいところに貯蔵し（二〇度C前後でよい）、最初のオリびきを五月ぐらいまでおくらせると、自然に進行する。一方、マロラクチック発酵を抑制するには熟成をスタートさせるとき、亜硫酸を一〇〇ＰＰＭ程度追加し、冬の間、出来るだけ低温の場所に貯え、早春にオリびきを行えばよい。

オリびきの目的は単に沈澱物を除くだけのものではない。オリびきに際して、ワインを別の容器に移すときがワインにもっとも空気が接触するときである。このとき、空気がワインに溶け込み、溶け込んだ空気中の酸素がワインの熟成をうながすのである。これが、オリびきのもうひとつの大切な目的である。

亜硫酸を全く使わない手造りワインでは酸素の影響を直接うけやすい。そこで、なるべく空気にふれないように、オリびきをすばやく行い、最初のオリびき後はびん詰にし、しっかりと栓をして冷蔵庫に貯蔵する。

オリびきのとき酸化を強めるにはワインをシャワー状にして別容器に移せばよい。あるいはすでに述べたように一升びんで熟成させたものの上澄み液を大型容器にまとめ、ここからさらに一升びんに分注するようにするとワインが空気にふれる時間は自然と長くなり、酸化は促進される。あるいは次項で述べるようなろ過工程によっても、空気にふれる時間が長くなり、空気にふれる液面もひろがり酸化はうながされる。

第22図　酸化を強めたいときのオリびき

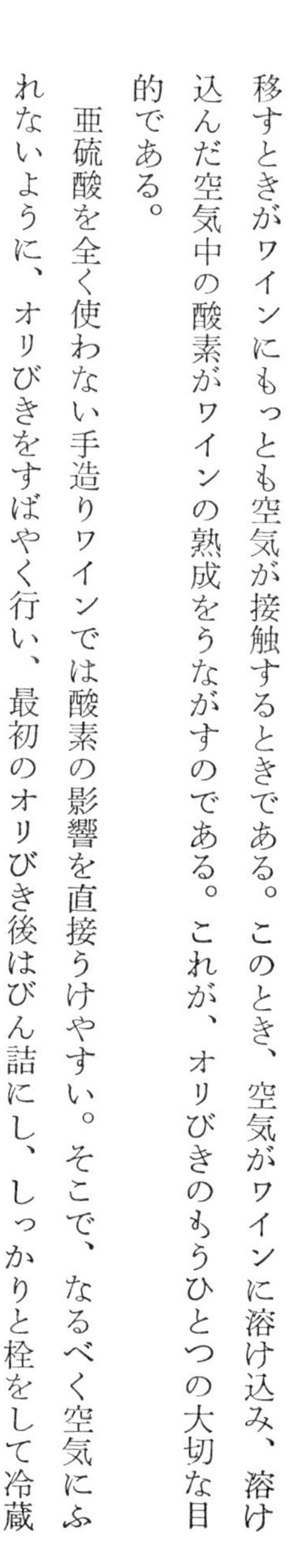

オリびきの終ったワインは通常のびん

第23図　赤・白ワインつくりの手順図

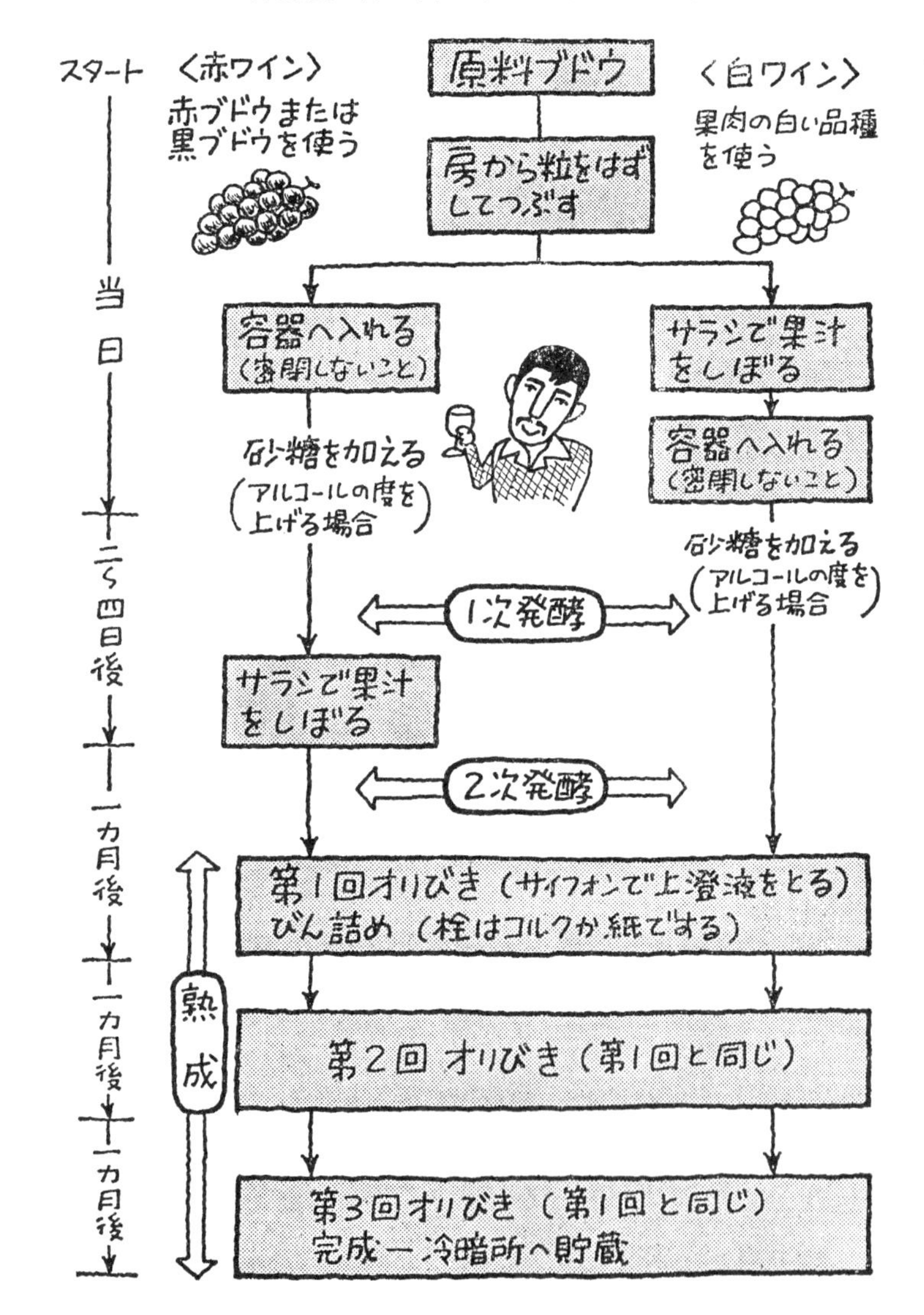

詰ワイン程度の空間を残してびん詰し、密封して保存する。出来れば**コルク栓をほどこし、横置し、コルクがワインに接している状態にして保管する。**手造りワインでは早春に最初のオリびきをやれば、もう、これだけで充分である。以上を図示してみれば、第23図のとおりである。

ワインの中に溶け込んだ酸素はアルコール類を酸化し、アルデヒドや酸をわずかではあるがつくりだす。この酸は再びアルコール類と結びついてエステル類をつくる。この他、ワインの中にある酒石酸、リンゴ酸、乳酸、コハク酸、酢酸などが熟成中にアルコール類と直接エステル化して、微量ではあるがさまざまなエステルをつくる。糖分の多い甘口ワインではアミノ酸と糖類との反応も起こり、赤ワインでは色素の変化もある。以上はワインの中のさまざまな物質の化学変化であり、ワインの芳香は熟成まえの新酒の頃とはくらべものにならないほど変ってくる。

さらに熟成中のワインでは物理的変化として、水とアルコール、その他の成分との分子会合がある。これは水の分子とアルコール分子とがかたまりをつくってゆく現象である。これで味がなれて、まるくなってくる。手造りワインはこれで完成である。

ワインの管理

アマチュアの手造りワインとメーカーの市販のワインとを比較した場合、一番ちがっている点はワインの透明度であろう。透明度がちょっとでも悪いと売物にならないから、メーカーはワインのテリ、ツヤをよくすることに狂奔する。うまさをギセイにしても、見てくれのよいワインをつくろうと努める。肺ガンのおそれがあるという石綿などというろ過助材を使い、ミクロフィルターをつかってまでも徹底的に透明度を高めようとする。

アマチュアの手造りワインはその猿まねをする必要は少しもない。少々テリ、ツヤが悪くても、それが自然であったら、それでよいではないか。

手造りワインはオリびきだけで充分である。かつて、私達の先祖たちはそんなワインだけを飲んでいたのである。味と香気のよさで勝負しよう。だがもし、どうしてもろ過してみたいという人はコーヒーのドリッパーとフィルターを活用しよう。しかし、メーカーの市販のワインのようなテリ、ツヤのよさは期待出来ないことをまえもっておことわりしておく。

ワインはときによるとペクチン、蛋白質、重金属に起因する混濁が生ずる。ワインメーカーはペクチン分解酵素、ゼラチン－タンニン、オリ下げ剤などをつかって混濁を除く。

アマチュアの手造りワインでは一応、ゼラチン－タンニン清澄法を述べておこう。まず、タンニンの一％液とゼラチンの一％液をつくる。

一％タンニン液……日本薬局方のタンニン酸（薬局にある）一グラムを三五度甲類焼酎にとかし、一〇〇ミリリットルとする。とけにくいときは少しあたためればよい。

一％ゼラチン液……一グラムの粉末ゼラチンをまず三〇～四〇ミリリットルの温水に膨潤させたの

ち加熱して煮とかし、水を加えて全体を一〇〇ミリリットルにする。

一升びんに清澄させたいと思うワインを満量に入れる。勿論、ワインの量は一・八リットルである。このワインにまず一％タンニン液一八ミリリットルを加え、よくまぜ、三〇分ほど放置したのち、一％ゼラチン液一八ミリリットルを加えて、よくまぜたのち、そのまま放置すると数時間で上の方から次第に澄んでくるので、その状態を見て、清澄がまだ不充分であれば、もう一度、同じようにタンニン液、ゼラチン液を一八ミリリットルずつ、追加して清澄させればよい。

ゼラチン―タンニン液を加えてから数日間放置するとワイン中の混濁物質はゼラチン―タンニンとともに凝固沈澱してくるので、あとはオリびきの要領で上澄み液をとり分けるだけである。

次に**ワインの疾病とその予防法**についてふれておこう。これはワインの管理の重要な一部門である。人間にも病気があるようにワインにもさまざまな病気がある。そして、この病気のほとんどが微生物によってひきおこされる。この状態がさらにひどくなって取りかえしがつかなくなれば、これはワインの腐敗であり、死である。ワインの国フランスではワインの疾病を「トウールネ」(曲った)とか「アメール」(苦味をおびる)、「フイラン」(糸をひくようになる)、「ユイルー」(油状の)といったように分類している。

このような破局をむかえぬようにするにはなによりもまず丈夫なワインをつくることだ。それは「酒をつくる生物」＝酵母が健全に働き、完全発酵を行ってアルコールが充分に生ずることが第一である。次にワインに亜硫酸を添加し、有害な微生物におかされる余地をなくなすことが必要である。そして第三に正しい貯蔵法を守ることである。

ワインの表面が広く空気にさらされていると、亜硫酸が酸化によって変化し、消失し、効力を失ない、表面に好気性の酢酸菌や膜をつくる悪性の酵母が繁殖して、ワインをくさらせてしまう。

そのため、ワインは出来るだけ、空気にふれる液面を少なくして、つめたい所に貯蔵しなければならない。手造りのワインなら、毎年、何年ものと揃えていって、自慢しながら客や友達に飲み比べさせたいものである。

しかし、亜硫酸のごやっかいにならない手造りワインではメーカーのワイン以上に充分に気をつけなければ長期間の貯蔵はおぼつかないことは言うまでもない。

このようなときにはワインをびん殺菌して貯蔵することが必要である。第24図のように深鍋に水を

第24図　ワインのびん殺菌のやり方

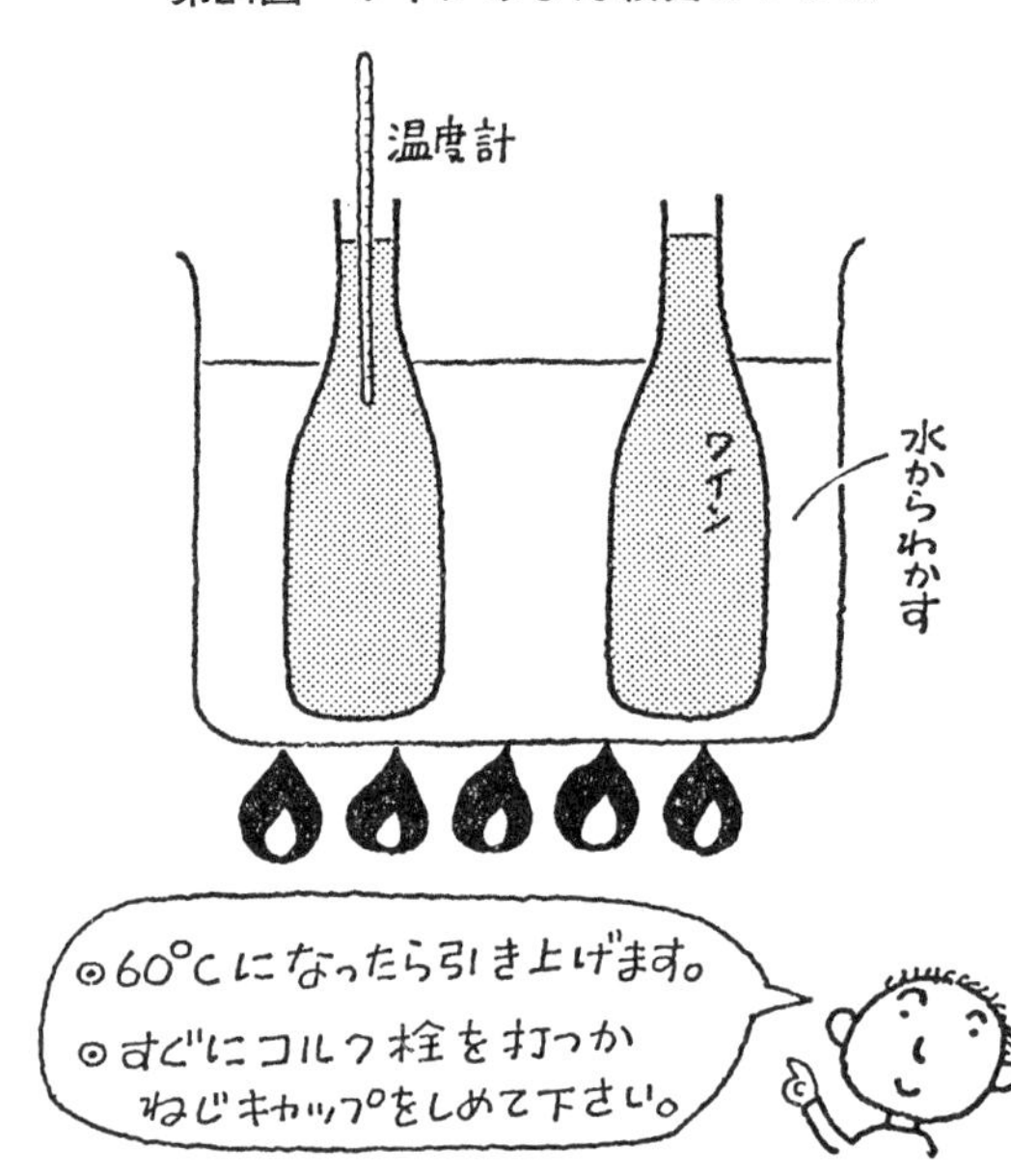

温度計
ワイン
水からわかす
⊙60℃になったら引き上げます。
⊙すぐにコルク栓を打つか
ねじキャップをしめて下さい。

**第25図　アップルワインを例にした
フルーツワインつくりの手順**

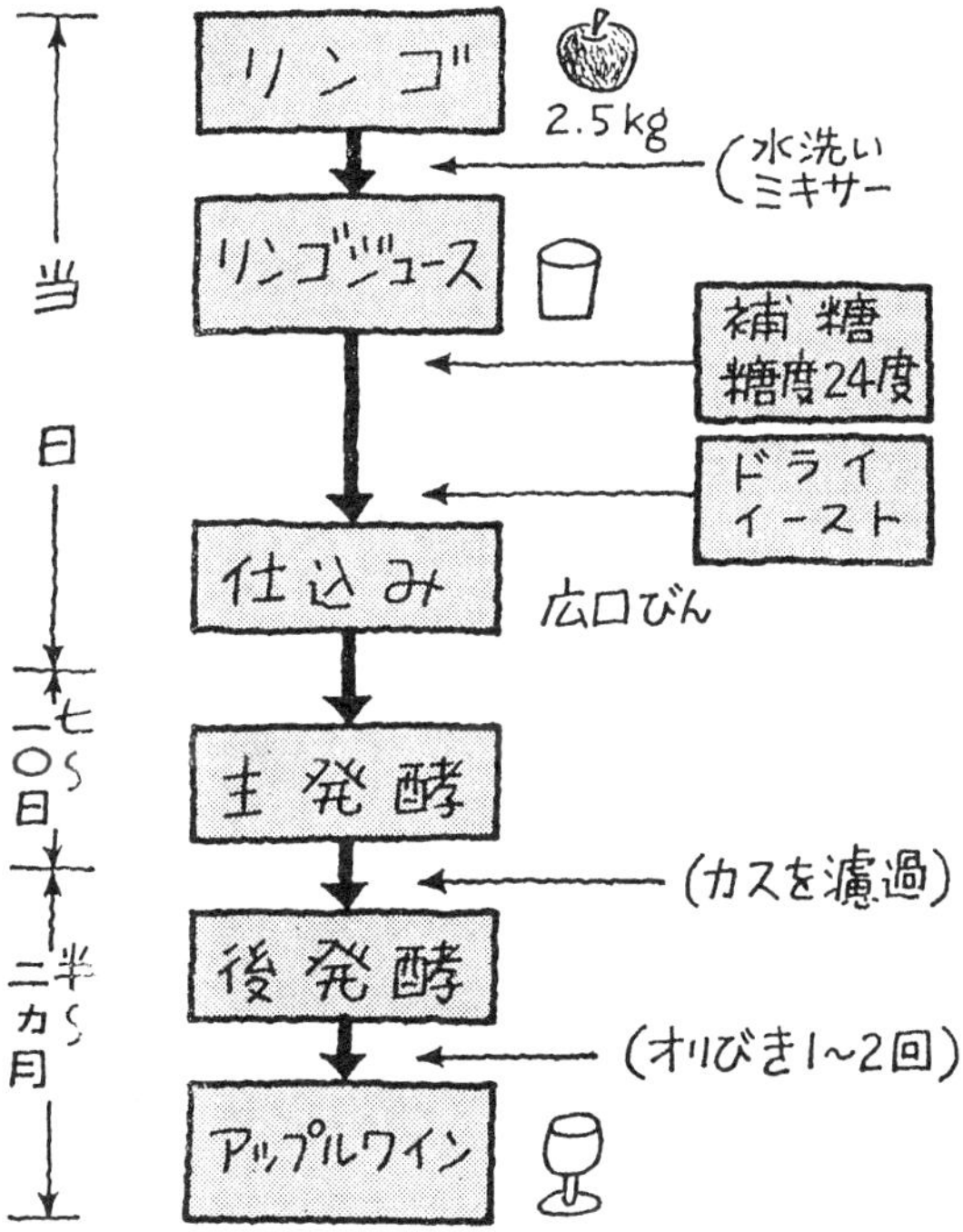

リンゴ　2.5kg
（水洗い ミキサー）
リンゴジュース
補糖 糖度24度
ドライイースト
仕込み　広口びん
主発酵
（カスを濾過）
後発酵
（オリびき1〜2回）
アップルワイン
当日　七〜一〇日　半〜二カ月

入れ、ワインを入れたびんを入れて加熱する。びんの中に温度計を差し込み、ワインの温度が六〇度Cに達したならば引き上げ、ただちによく洗ったコルク栓をしっかり打ち込んでおく。この際、コルク栓は決して、蒸気でふかしたり、煮沸したりしてはいけない。コルクの材質が熱で変質し、かたくなり、弾力を失い、抜く時に切れ切れになったりするからである。きれいな温水でていねいに洗うだけでよい。

これに醸造年次、ブドウ品種を記入した手製のラベルでも貼りつけておけば完璧である。アメリカやイギリスでは多勢がこんなワインを持ちよって楽しいパーティをひらく。ホビイの楽しみはこれにつきるだろう。こんなささやかな楽しみを許さない国は「まっくらやみ」としか言いようがない。

なお、ブドウを原料とするワインは単にワインと呼び、その他の果物を原料とする果実酒（フルーツワイン）は、その果物の名前を冠して、例えばピーチワインとか、チェリーワインとか、アップルワインと呼ばれる。これらフルーツワインについては入門篇の第3表（四九ページ）を参考にして、たのしいフルーツワインを考案していただきたい。

ここでは、アップル（リンゴ）ワインを例にして、その手順だけを掲げておこう。ここまで読まれた賢明な読者諸兄は、これだけでまちがいなく美味しい果実酒をつくれると信ずるからである。

▨君はスパークリングワインにいどむか

スパークリングワインは日本語で言えば成泡性ブドウ酒または発泡性ブドウ酒である。そして密閉したびんの中で、びん内再発酵を行い、その発酵炭酸ガスをとじ込めたものが真正品である。その代表的なものがフランスのシャムパーニュ地方特産のシャムパンである。

サントリー、メルシャンなど日本のワインメーカー達は一〇年ほど前まで、シャムパンという名で本場ものの「そっくりさん」を模造していた。だが、これはフランス政府からのクレームで今はスパークリングワインと改名している。日本産のスパークリングワインは本物ではない。いずれも、ナチュラルワインをアルコール、水、砂糖、酸味料で増量し、これに炭酸ガスを吹き込んでつくった清涼飲料水方式の模造スパークリングワインである。君がスパークリングワインを手造りすれば、これこそ、その真正度において完全にメーカーに差をつけたこととなる。

「ミードからハニーワインへ」のところで述べておいたエールミードも炭酸ガスを含んだ飲物だったが、シャムパンをはじめとするスパークリングワインは祝宴用のワインとして欠くことの出来ないものので、こちらの方がちょっと高級だ。

スパークリングワインは高いガス圧に耐え得る丈夫なシャムパンびんに詰め、コルク栓をしっかりと打ち込み、さらにその上から、栓がガス圧で飛びださぬように針金でびん頸にしばりつけてあるのが通例である。

手造り酒がホビイとしてごくあたりまえの欧米ではこのような材料をどこでも売っているが日本ではそうはゆかない。

したがって、ビールびん、サイダーびんで我慢しなければならないが、この場合には新しい王冠と打栓機が必要である。これも日本では素人には入手困難だ。そこで、まことに不本意ながら、ネジキャップの空びんに詰める。高いガス圧には耐えないので、びん内再発酵はひかえめにしなければならない。

スパークリングワインは白、または紅ワインの果汁発酵からスタートする。赤ワインはスパークリングワインには不適である。

最も簡単な方法は主発酵のほとんど終了したワインを簡単にオリびきしながら、びんに詰め、びん内で後発酵を行わせる方法である。だが、この方法ではびん内で発生する炭酸ガスの量がつかみにく

第6表 びん内再発酵に移す時点を決定するワインの残留エキスの測定法

① ワイン（発酵がおだやかになった頃の）100mlをメスシリンダーにはかる。

② この中身をビーカーにうつし，火にかけて静かに沸騰させる。中身が約3分の1（30ml）程度になるまで沸騰をつづける。これで，ワイン中のアルコール分など揮発成分をすべてとばしてしまう。

③ ビーカー中の残留液が冷えたら，元のメスシリンダーにうつし，ビーカーの内壁に付着している部分も約20mlの水で洗いおとし，その洗液もメスシリンダーに入れる。これを3回ほどくりかえす（各20mlの水で3回にわたってビーカーを洗い，その洗液をメスシリンダーに戻す）。これで残留液中の不揮発成分（エキス分）はすっかりメスシリンダーに戻ったことになる。

④ 水を加えて元の100mlに戻す（これでメスシリンダーにとったワインの中から，揮発成分がすっかりとばされ，不揮発成分だけが残ったことになる）。

⑤ この液の温度を15°Cに調整し，比重計で比重をはかる。

⑥ この液の比重が1.014〜1.019のあいだになったとき，軽くオリびきして，びん内発酵させればよい。

い。糖分の残存量の多いものをびん詰すると、びん内で炭酸ガスが生成してガス圧が強くなり過ぎ、びんが破裂したりして危険である。この、びん詰時期の判定は第6表を参照して残存エキス量できめればよい。

残留液の比重がびん詰時期に達したならばびん詰であるが、このとき、金属製（アルミニウムなど）のネジキャップ付きのびんを用いるとガスは簡単に封じ込める（コルク栓ではびん内ガス圧が高くなると栓が針金でしばっていない限り、飛び出してしまう）。ガス圧が強くなり過ぎるとキャップの上部が膨らんでくるから、少しゆるめてガスを抜けばよい（第26図参照）。二週間ほど室温におけば、残糖分は発酵を終了するので冷蔵庫に入れ冷蔵する。冷蔵中にびん内の発酵炭酸ガスはワイン中に溶け込むので、あとは飲みたいときに充分冷やし、静かに栓をあけて、びんの底に沈澱しているオリが浮き上らないように静かにグラスに注いで飲めばよい。もっともオリが浮き上ってグラスに入っても、これは活性度の高い酵母で、ミネラルやビタミンや酵素を豊富に含んでいるから栄養にこそなれ、毒にはならない。このあたりが手造り酒の醍醐味である。

本場のシャムパンでは地下洞窟のシャムパンの発酵室で、びんを横づみして、びん内再発酵を行わせたのち、びんを倒立させ、びんの中の酵母のオリをびん口に集め、この部分のみを冷媒液の中に浸けて、ちょうどアイスキャンディのように凍らせてから素早く抜栓して、この凍ったオリの部分をガス圧で吹きださせたのち、すみやかにもう一度、新しい栓を施し、針金でびん頸部にしばりつけて出来上りとなる（第27図参照）。アマでここまでやれたら、それはたいしたものである。アマのスパークリングワインは酵母のオリが残ったままで我慢しよう。これも活性酵母入りのスパークリングワインである。真正品であるという点では日本のメーカーの模造スパークリングワインなど到底、足もとにも及ばない。

もうひとつの方法は完全に発酵の終ったドライな白ワイン（または紅ワイン）を用いる。糖分の残存度は糖尿病の検査

第７表　残留液の比重とワインのエキス分

元の容量に戻した残留液の比重	そのワインのエキス分
1.014	3.62
1.015	3.87
1.016	4.13
1.017	4.39
1.018	4.65
1.019	4.91

この程度のエキス分のワインの新酒中には糖分がまだ２～３％残っている。

第26図　アルミのネジキャップ付きびんが便利

に使うテステープでしらべる（二六ページも参照）。このテステープの一端をワインの中に浸し、直ちに引き上げ、テステープの色調の最も濃い部分（湿った部分と乾いた部分の境い目付近が最も濃く発色する）を調べ、この部分が黄色またはうす緑色であればほとんど完全に発酵が終り、糖分がないドライな白ワイン（または紅ワイン）になっているわけである。このような白ワインでは発酵が終了して、オリが生じている。このオリをとりわけ、上澄み液のみをびん内再発酵用に使用するのである。この上澄み液にはすでにテステープでも調べたように再発酵のための糖分は残っていないので砂糖を補充しなければならない。

一リットルに対し四グラムの砂糖を加え、この砂糖が完全に発酵するとガス圧は一気圧となる。手造りスパークリングワインでは二気圧程度が適当なので、上澄み液一リットルにつき4×2すなわち八グラムの砂糖をとかし、発酵栓をほどこして発酵状況を観察する。この新酒の上澄み液の中にはわずかではあるが酵母が浮遊している。したがって、この酵母で再び発酵が始まってくる。これは泡を

第27図　〈参考図〉本場のやり方

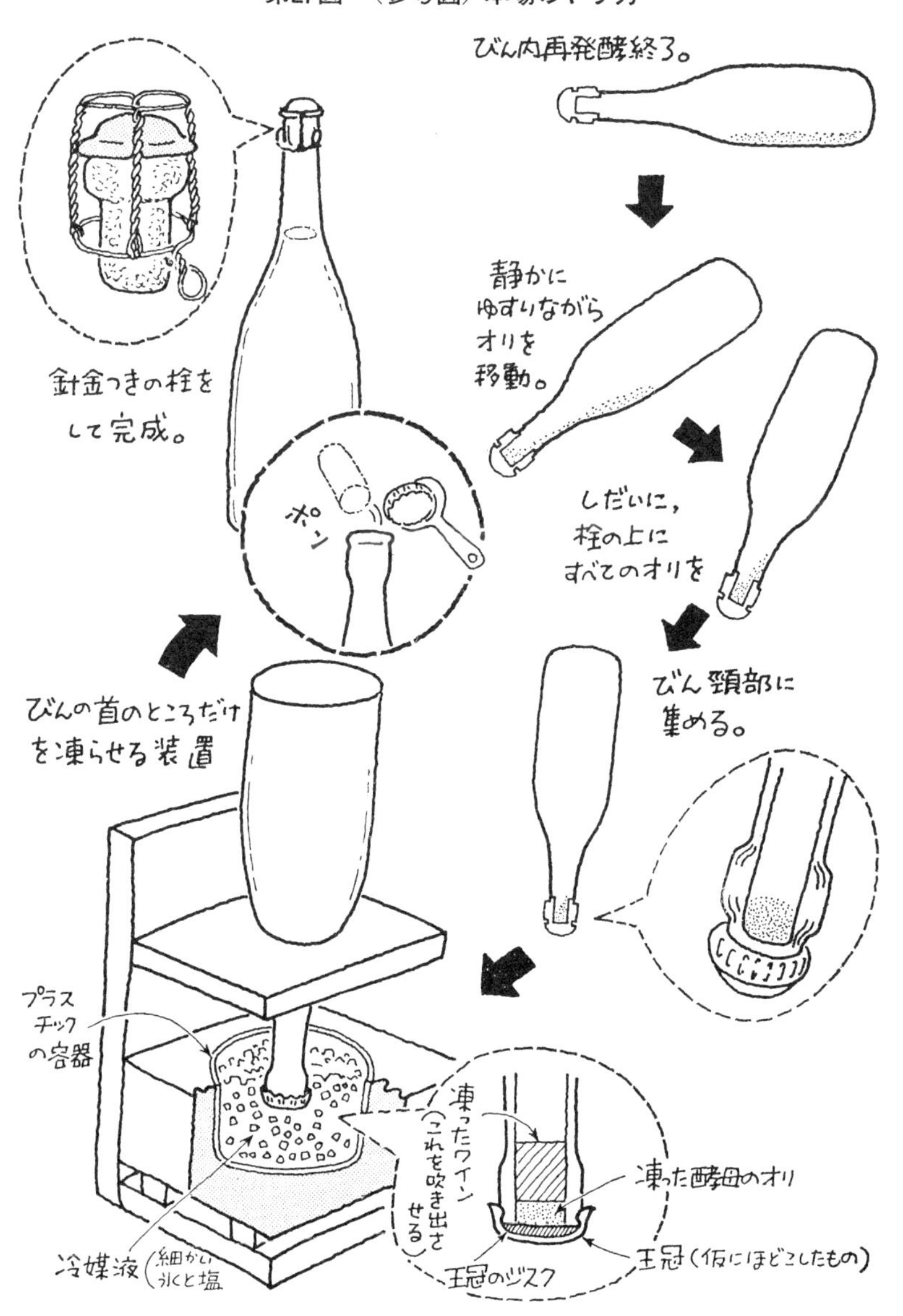

だし始めるからすぐわかる。このとき、ただちにびん詰し、ネジキャップをきつくしめておく。二週間ほど室温でびん内発酵を行って、あとは冷蔵する。オリはそのうちに沈澱してくるから、飲むときは静かにオリが浮び上らぬようグラスに注ぐことは前と同じである。

高級篇

第一章　穀物の酒は糖化から始まる

はじめに

さあ、手造りの酒もいよいよ穀物の酒に挑戦することになった。ここではビールとドブロクと清酒がメインテーマとなる。

このような穀物の酒の手造りが何故、高級篇になるか、その理由をまず説明することとしよう。それには二つの理由がある。

第一の理由は入門篇で述べた蜂蜜の酒・ミードや中級篇で述べたブドウの酒・ワインはいずれも人類の発展の形態から言えば採集経済の野ばんな状態でもつくり得る酒であるのに、穀物の酒はそうではないからである。

人間が野生の蜜蜂の巣から蜂蜜をあつめ、これを水でうすめさえすれば蜂蜜はたちまちミードとなり、たわわにみのった野生のブドウを採集し、これを足で踏みつぶしさえすれば、ブドウは発酵してワインになった。すなわち、採集経済の段階でも、これらの酒は人間とともにあった。だが穀物の酒はそうはゆかない。

人間が採集経済の段階を抜けて農業を創始し、栽培技術を身につけて、野生の植物を品種改良しながら、収穫した穀物をたくわえるだけのゆとりをもたぬ限り、穀物の酒は人間のものとはならなかった。したがって穀物の酒はミードやワインとちがって、人間の進化の歴史から見ると、一段と高度な酒といえるからである。

第二の理由は穀物の酒をつくることのむずかしさである。穀物の酒では穀物の主成分の澱粉がアルコールのもととなる。だが澱粉の場合は蜂蜜や果実とちがって、甘い糖分ではない。

澱粉はブドウ糖が何百、何千と鎖状に結合して出来た高分子の物質である。澱粉のままでは煮ても焼いても酒をつくる生物・酵母はこれをアルコールと炭酸ガスに変えることは出来ないのだ。すなわち、酵母による発酵現象はいつまでたっても始まらない。

わかりやすく言えば澱粉を酵母がたべやすい形に分解してやらなければどうにもならない。すなわち、澱粉はブドウ糖が鎖状に結合して出来た高分子の物質だから、何らかの方法で、この鎖状の結合をときはなち、構成分子の糖分にまでバラバラな状態にしてやることが、なんとしても必要なのである。

第28図　酒つくりの仕組み

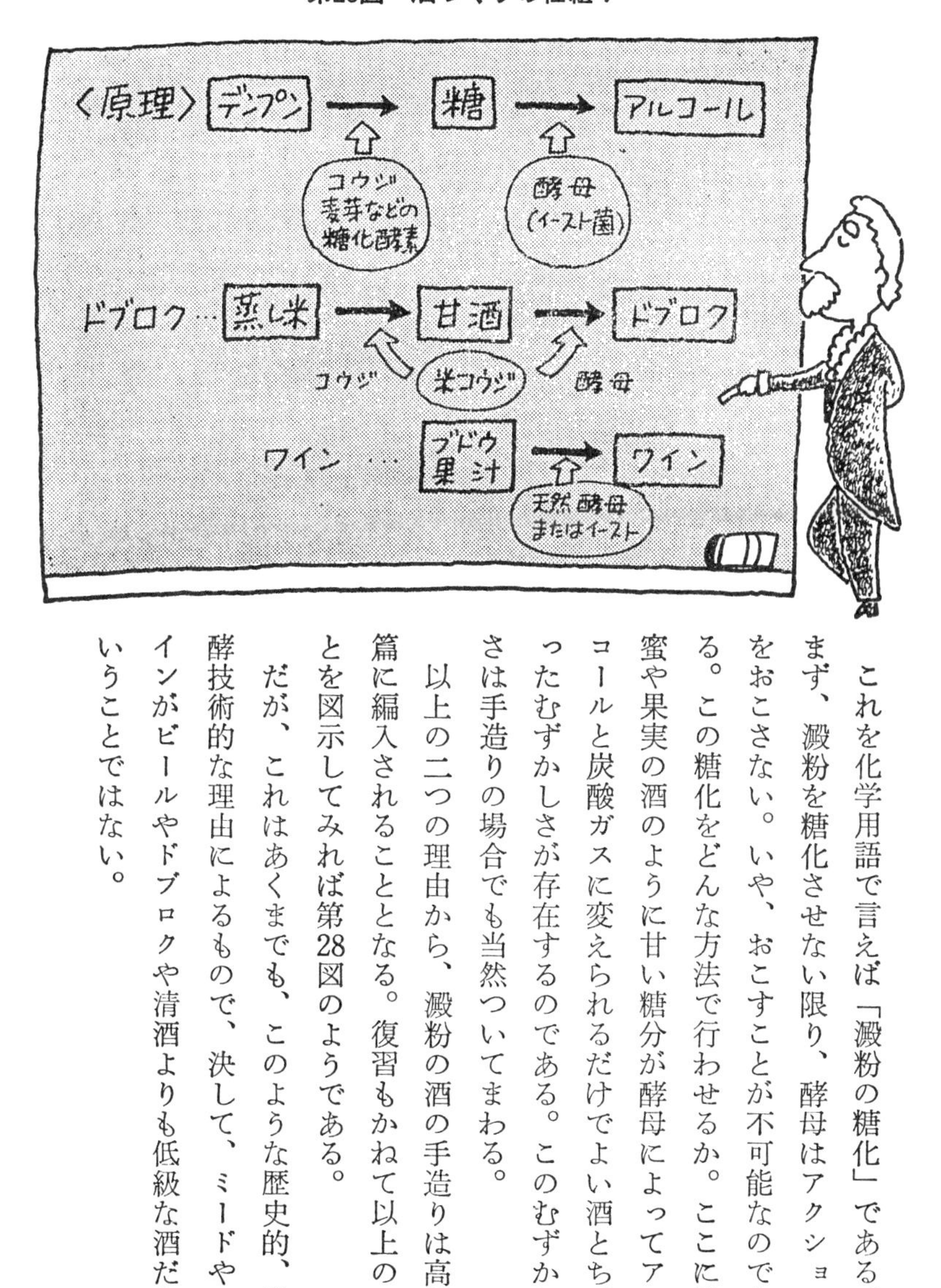

これを化学用語で言えば「澱粉の糖化」である。まず、澱粉を糖化させない限り、酵母はアクションをおこさない。いや、おこすことが不可能なのである。この糖化をどんな方法で行わせるか。ここに蜂蜜や果実の酒のように甘い糖分が酵母によってアルコールと炭酸ガスに変えられるだけでよい酒とちがったむずかしさが存在するのである。このむずかしさは手造りの場合でも当然ついてまわる。

以上の二つの理由から、澱粉の酒の手造りは高級篇に編入されることとなる。復習もかねて以上のことを図示してみれば第28図のようである。

だが、これはあくまでも、このような歴史的、発酵技術的な理由によるもので、決して、ミードやワインがビールやドブロクや清酒よりも低級な酒だということではない。

▨穀物の酒の足どり

小学校の理科の時間に学習したことを思いだしていただきたい。——ごはんを口の中でゆっくり、時間をかけて嚙みくだいていると、ごはんがだんだん甘くなってくる。これはごはんの澱粉が唾液中のジャスターゼという酵素の働きで分解し、ブドウ糖になったからである——と教わったと思う。

穀物を嚙みくだき、唾液とまぜ、これを壺に吐き入れ、唾液のジャスターゼで糖化させる。ここに酵母が増殖し、アルコール発酵を起して出来る酒がある。穀物の酒はまず、このようなことから始まった。穀物の酒としては最も原始的なものだ。台湾や沖縄まで、東南アジア全域につい近世まで残っていたカミ酒（口嚼の酒）がそれである。

中南米のインカ帝国のペルーはかつて壮大な古代文明を開花させたところだが、ここではトウモロコシやイモが農業の基幹だった。そして、このトウモロコシやイモの嚙み酒チッチャがあった。あったというより、いまでも中南米全域のインディオのあいだに現存している。スペインの征服者ピサロに滅亡させられたインカ帝国の太陽の神殿に奉仕する太陽の乙女たちの重要な仕事の一つに、このチッチャつくりがあったという。彼女たちはゆでたトウモロコシを口で嚙みくだき、唾液とともに大がめの中に吐き入れ、チッチャをつくった。そして、この聖なるチッチャは太陽の神と太陽の子である皇帝に捧げられたのである。

話は全くかわるがある監獄の教誨師をつとめる坊さんから最近、興味ある話を聞いた。それはある死刑囚から、彼がひそかに獄中で、ごはんを噛んでつくった噛み酒をすすめられたという話だった。

私はそのとき、しみじみと思った。酒をつくり、酒を飲むというのは人間の本能に近いものだということを。そして、これを密造だなどと言って取締まろうとするのはまさに基本的人権にかかわる問題であるということを――。

ともあれ、東洋のモンスーン地帯では、その高温多湿の風土の中から稲作が誕生し、収穫した米にカビをはやし、そのカビが分泌するジャスターゼを利用して穀物から酒をつくる技術が生れ育った。わが国のドブロク、そして清酒、中国の黄酒（ホワンヂュ）、そして朝鮮半島全域に分布するマッカリなどはすべてこの系列の穀物の酒だ。

一方、中近東からヨーロッパ全域にかけては、乾燥した夏乾帯の風土である。湿気を好むカビは育ちにくい。麦が出芽するとき、芽の中につくりだされるジャスターゼを利用して穀物から酒をつくる技術が生れ育った。これがビールである。古代エジプトのピラミッドの壁画などにパンつくりとともにビール醸造が行われているところが描かれている。

カビの力でつくる穀物の酒は東洋の技法、麦芽の力でつくる穀物の酒は西洋の技法といってよいだろう。このちがいは風土のちがいであろう。そんなわけでヨーロッパの穀物の酒を代表するビールは麦を出芽させてつくる麦芽（モルト）が、そして、アジアの穀物の酒を代表するわがドブロクと清酒は米にコウジカビを繁殖させてつくるコメコウジがなくては、どうにもならない。したがって、私達の手造り酒も麦芽つくりとコウジつくりからスタートしなければどうにもならない。

現代の噛み酒をつくってみよう

麦芽やコウジをつくり、これでビールやドブロク、清酒を手造りするまえに、小手だめしとして、麦芽やコウジを使わずに穀物の酒をつくってみるのはどうだろう。

麦芽やコウジを使わないとなると穀物の澱粉を糖化させるにはどうしたらよいだろう。と言っても君は唾液を使って古代の噛み酒を再現させる勇気はおそらく持ちあわせてはいないだろう。あるいは自分の唾液はいやだが愛する妻や恋人の唾液でなら大歓迎という人もいるかも知れない。だが、これは妻や恋人にことわられるにきまっている。

そこで唾液のジャスターゼと同じもので、さらに一層強力な酵素製剤を使って米を糖化させたのち、これを発酵させて、酒をつくってみようというわけだ。こうして出来た酒を少しショッキングに表現すると「現代の噛み酒」ということになる。

決して、本当に米を噛み、唾液をまぜて、そのジャスターゼで噛み酒をつくってみせようというわけではないから安心して欲しい。消化剤としてあまりにも有名なタカジアスターゼで現代の噛み酒をつくってみようというわけだ。

そこでまず、このタカジアスターゼについて説明しておこう。

第29図　現代版噛み酒つくりの手順

コウジを水に浸すと、コウジカビの酵素は水に抽出されてくる。この水にアルコールを加えると酵素はアルコールにとけにくいので、沈澱物となる。この沈澱をあつめて乾燥すると当然のことながら実に強力な酵素作用をもった粉末となる。この発見をしたのが明治の醸造学者として有名な高峰譲吉博士であった。

そして、この酵素製剤は博士の名をとってタカジアスターゼと名付けられ、今日でも三共製薬から売りだされている。このタカジアスターゼを唾液のジャスターゼの代りに使おうというわけだ。

白米二〇〇グラムをはかり、洗って水を切り、水四〇〇ミリリットルを加えて、おかゆをつくる。おかゆを炊いているうちに、多少水分は蒸発するから、炊き終えたら、鍋ごと秤りにかけて、正味の目方が六〇〇グラムになるようにお湯を足してやる。

これをマホウビンの中に入れ、温度計で温度をはかり、六〇度Cになったら「新タカジアスターゼ錠」四錠をくだいて加え、かきまぜて温度がさめないように蓋をして、一二時間ほどそのままにしておく。この間にジャスターゼの力で糖化は進行する。一二時間たったものは上品な甘さの甘酒となっている。そこでレモン半個分のしぼり汁を加え（これは甘酒を微酸性にして雑菌の繁殖をふせぐためである）、別容器に移し、二五度Cまで冷やし、酵母を添加する。一週間ほどの発酵で、さっぱりした現代版嚙み酒の出来上りである。うまく発酵がすすめば、これだけで軽快で美味しいドブロク的風味の酒となることうけあいである。

第二章　さあ、ビールの手造りだ！

ブリュー・イット・ユアセルフ

いい言葉である。私の大好きな言葉である。ブリューとは「（ビールを）醸造する」ことでブリュワリー（ビール醸造場）、ブリュワー（ビール醸造家）などと用いられる。ブリュー・イット・ユアセルフ（ＢＩＹ（ビーアイワイ））はドウー・イット・ユアセルフ（ＤＩＹ（ディアイワイ））と同じ言葉で、（ビールを）自分でつくろうということである。

欧米ではＤＩＹと同じくＢＩＹは全くポピュラーな言葉であり、いちばん簡単で実用的なホビイの代表である。ロンドンのイスリントンには「ブリュー・イット・ユアセルフ」を店名にし、大きく看板にかかげたホビイの醸造専門店が大繁盛である。インフレの嵐が吹きすさぶ英国ではビールやワインの自家醸造が大流行。どこのスーパーでも「ビールの素」「ワインの素」がずらりとならべられ、

第30図　ビールの素とホップペレット

これを買って説明書通りにやれば二〜三週間で立派なビールやワインが手造り出来る。ねだんの方もメーカー品とちがって労務費や宣伝費や酒税などが計算に入らないから実に安い。省マネーにつながる楽しみがある。危険な添加物のおそれもない。

イギリスの家庭のホームブリュワリーにおける最も安直なビールのつくり方はざっと次のとおりである。

スーパーなどでビールの素（缶詰になっている）を買ってくる。今のレートで一三〇〇円ぐらいのもの。中身はホップエキス入りの麦芽エキスで濃茶褐色でトロリとした甘い液体である。この缶詰の中身をソースパンにあける。砂糖を一・六キログラム前後加え（欧米ではビールの手造りに砂糖を大活用する）、火にかけて沸騰させる。砂糖はブドウへの補糖のようなもので、発酵してアルコールと炭酸ガスになるのだから、加える砂糖の量加減で、アルコール度数がきまってくる。ちょっと濃い目にという人は砂糖をふやし、軽いものをという人は砂糖を少な目にするのである。沸騰したら火をとめ、これを水二三リットル入ったポリバケツの中にあけ、よくかきまぜるとビールの原もろみが出来上りである。温度が二〇度C程度に下ってきたところで、ビール酵母（乾燥酵母が小袋詰となって、やはり、スーパーなどで売っている）を、小袋一つ、サラサラと加え、一週間ほど**普通の室温（二〇度C前後）**で発酵させる。発酵が終りかけたところでびんや手造りビール用のタル（五〇〇〇円ぐらいでやはりスーパーなどで売っている）に移しかえ、四〜五日、後発酵を行わせれば、二四リットルあまりのビール（大びんで約四〇本）が出来上りである。まことに簡単なものだ。なんともうらやましい限りである。

家庭の手造りビールは正真正銘の生ビールである。酵母もいきいきと活躍している。それに、メーカーのビールとちがって透明度のよさ、テリのよさなど問題にしなくてよいから、旨い。真底、美味しいのだ。透明度やテリをよくしようとろ過をくりかえし、あまつさえミクロフィルターなどを用いて、酵母を完全に除いて過剰ろ過した上で、純生（じゅんなま）などと称しているビールは過保護の子供のようにひよわである。そして本物のうまさに欠けている。味がやせ、香りが低い。味や香りのゆたかさは完全にぎせいにされてしまっている。それを大宣伝でおぎなおうとすると純生などというビールが生れる。テレビのコマーシャルではないが「わんぱくでもいい、たくましく育って欲しい」というのは手造りビールにこそ贈られてよい言葉であろう。

私にも、手造りビールをふるまってくれるアメリカ人の友がある。訪米するごとに彼の家の冷蔵庫に冷えているビールを心ゆくまでご馳走になる。ただ手造りビールは飲み方にコツがある。手造りビ

第31図　手造りビールの注ぎ方

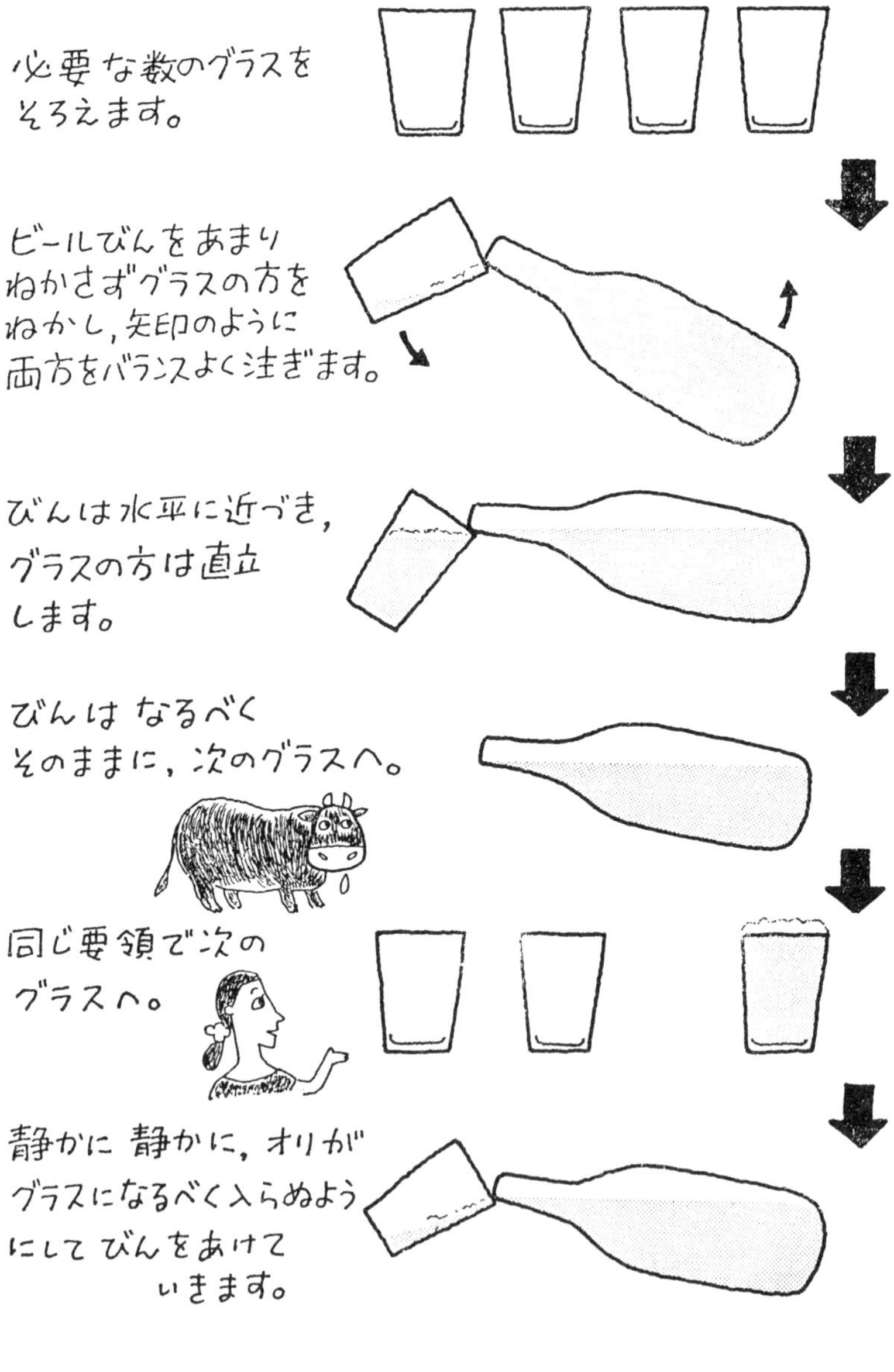

必要な数のグラスをそろえます。

ビールびんをあまりねかさずグラスの方をねかし，矢印のように両方をバランスよく注ぎます。

びんは水平に近づき，グラスの方は直立します。

びんはなるべくそのままに，次のグラスへ。

同じ要領で次のグラスへ。

静かに静かに，オリがグラスになるべく入らぬようにしてびんをあけていきます。

ールは全くろ過していないから（ろ過はむずかしいし、その必要もない）、びんの底には酵母がオリとなって沈澱している。このオリを浮び上らせないように、そっと静かに注ぐのがコツといえばコツである。もっとも、このオリを飲めば酵母の生命力を飲むことにもなるのだが――。

ともあれ、この注ぎ方は私たちの手造りでも大いに参考となるから、あちらの手造りビールのテキスト（ブリューイング・ベター・ビーヤ）のイラストをのせておこう。要はびんをあまり動かさずに注ぎ終ることである。

だが、「ビールは買うものではなく、つくるものです」とはあくまで欧米での話である。ブリュー・イット・ユアセルフが市民権を得ていない日本は酒文化に関する限り、封建時代の暗黒の中にある。

日本では新憲法の今日でも明治維新の志士の気持で手造りをやらなければならず、外国の知識を入手せんものとして「安政の大獄」に散った吉田松陰たちの心意気も持たなければならない。

欧米ではいちばん簡単で実用的なホビイであるビールつくりも、日本の現状では全くむずかしい。障害だらけである。まず、麦芽がない。ホップもない。勿論「ビールの素」などどこにもない。ビール酵母も売っていない。びんに詰めて王冠をしようと思っても、新しい王冠も打栓機も手に入らない。まさに、今、日本でビールをつくろうとすれば江戸末期の先覚者の意志をもたなければならない。それでも君はビールにいどむか。よろしい。

これだけの障害をのりこえて、手造りビールが完成したら、そのときの喜びは何物にもかえがたい。

涙のビールである。ホビイのきわみである。だが残念なことに酒税法という「安政の大獄」が君をまちかまえている。それでも君は手造りビールにいどむか。よろしい。それでこそ君は現代の英雄である。

▨麦芽つくりとホップの採集

前項で述べたように、日本の現状では麦芽もホップも売られてはいない。したがって入手不能である。そのため、ビールつくりはここから始まる。

まず、**麦芽つくりである**。材料は大麦種子。二条大麦で品種はゴールデンメロンであれば言うことはない（関東を主体に日本全国で栽培されている）。出芽するはずのない押し麦などではだめ、必ず種子用のものでなければ麦芽にはならない。一〇キログラムを一単位として使うとよいだろう。まず、清水で充分に洗い、ゴミなどをとり除き、そのままオケかバケツに入れた水に漬ける。これは発芽に必要な水分を吸わせるためで、漬ける時間は一五度Cの水でおよそ三四～三五時間である（めやすとしては春秋は二～三日、冬は三～四日、夏は一～二日間）。浸漬中、水を二～三回取り替える。固さは、麦粒に針をさしてすっと通る程度、目方は、一〇キログラムの大麦が一五キログラムとなる程度にまで漬ける。

発芽はわら床（とこ）を使って行う。わら床をつくるには温度変化の少ない、無風の場所をえらび、そこに

第32図　麦芽のつくり方とその粉砕方法

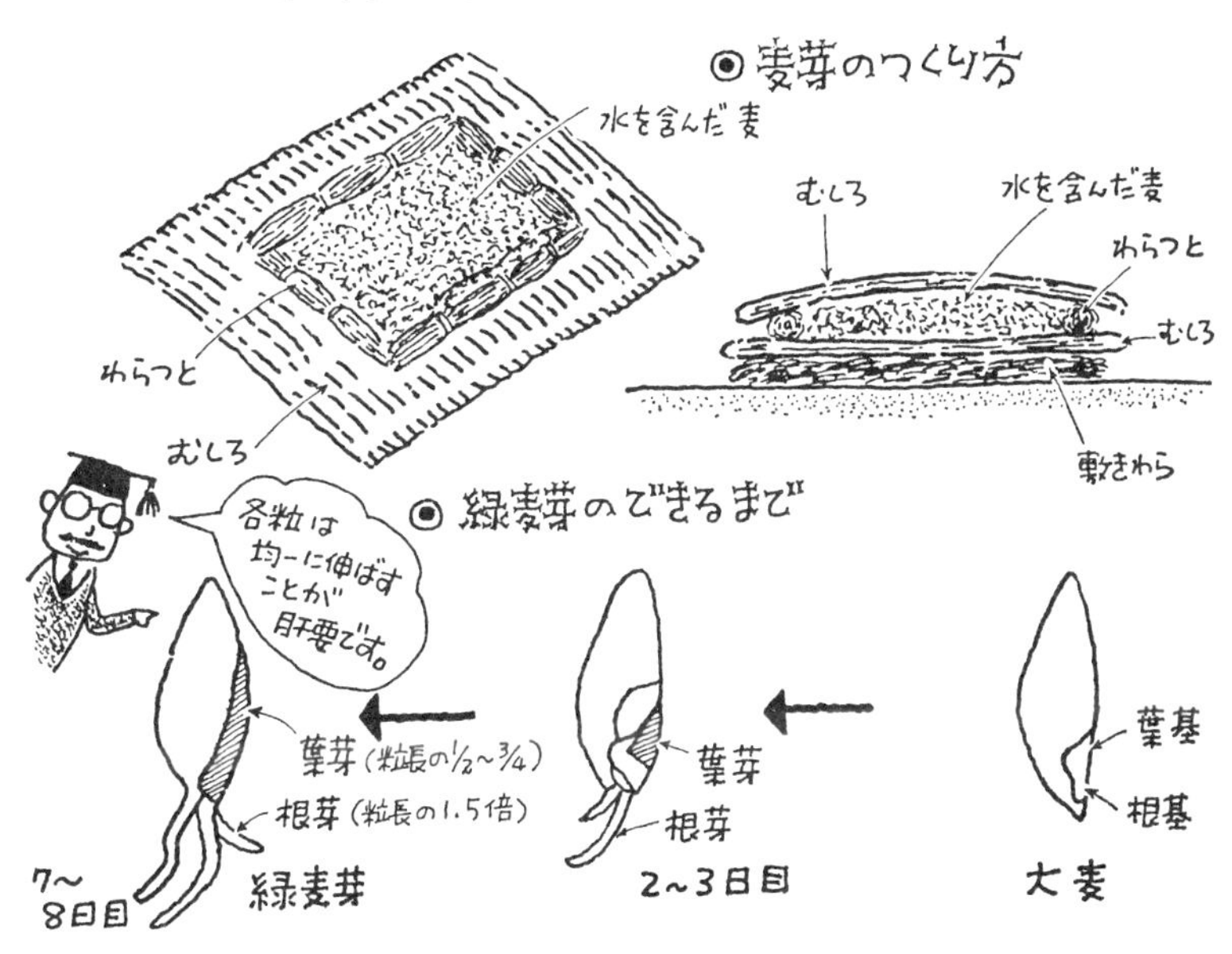

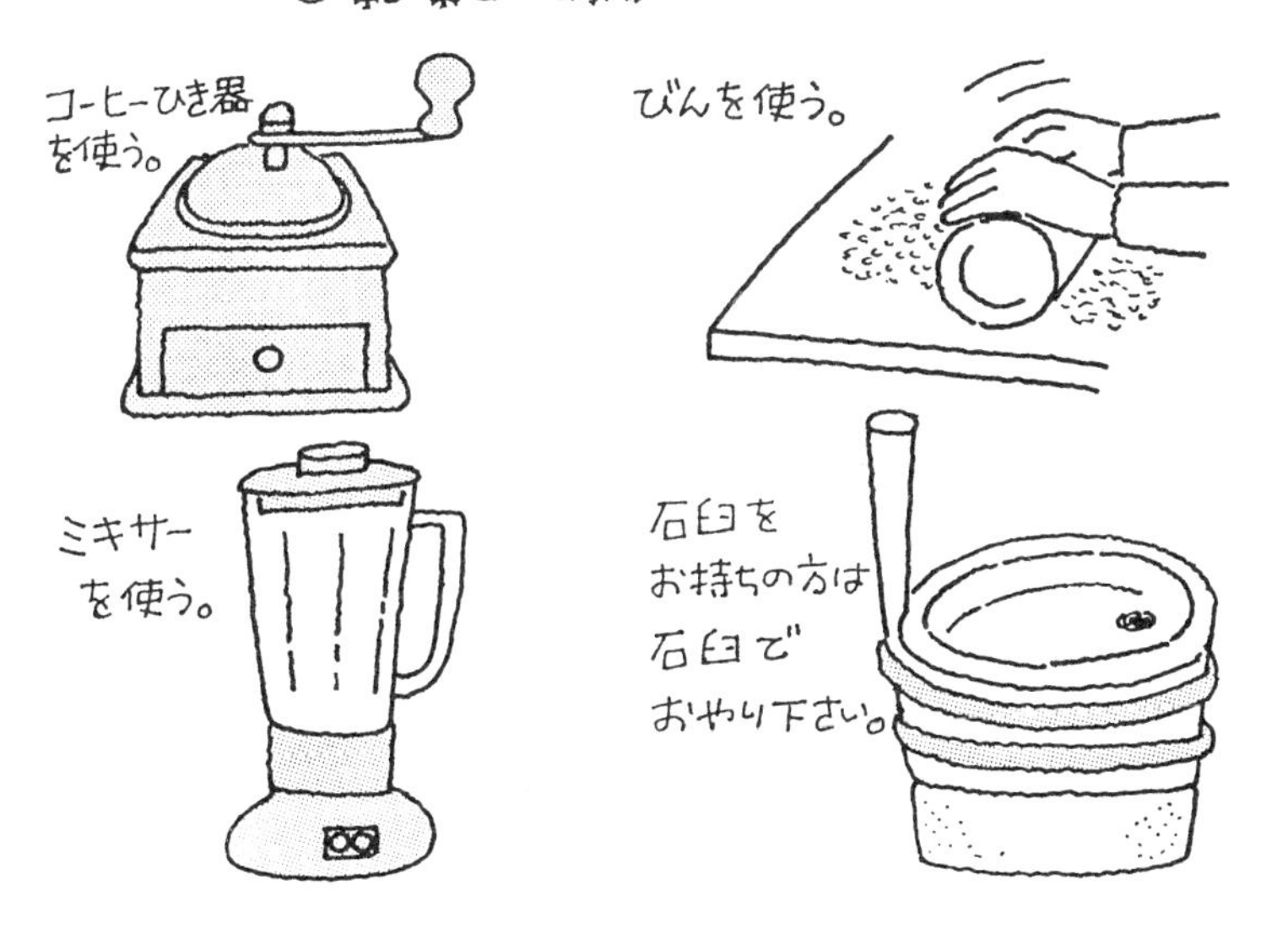

まず、わら束を敷き、その上に水に浸して半乾きにしたむしろを敷いてつくる。この上に浸漬の終った大麦を一〇センチほどの厚さに広げて、わら束でその周囲をかこみ、水に浸して半乾きになったむしろをかけてやる。冬はむしろを三～四枚、夏は一～二枚といった程度。今はわらやむしろは貴重品である。防虫網戸を床にし、これにホームマット、通気性のいい布などを用いてつくることも出来る。むれないようにするのが大切である。

朝、昼、夕の三回、むしろが湿る程度の水をまいて、よくかきまぜ、つねに温度が一五～二〇度Cに維持出来るように、掛けるむしろの厚さ（枚数）を加減する。根や芽が出はじめると発熱してくるので、麦の厚さをだんだんにうすくひろげて異常発熱を防ぐことが大切である。換気を充分に行い、しかも麦粒が乾燥しないように注意しながら、上下をよく切り返して温度を平均にするように気をつける。

四八時間前後で幼根が出始め、幼根が麦粒の二倍ぐらいに伸びたころから発芽し始める。一五度Cで約二週間、二〇度Cで八日ぐらいで麦芽つくりは終る。これが緑麦芽（グリーン・モルト）と呼ばれる状態である。出芽は葉芽がみとめられる程度にとどめるのがビール用麦芽の特徴である（これを短麦芽という）。

ただちに天日に干して完全に乾燥させるが、雨の日にはヘヤードライヤーで乾かすなども一法である。これを大鍋に入れて、品温を八〇度C程度に保ちながら、弱火で数時間、いりつけるようにしてさらに水分を飛ばすと、根はすっかり、ひからびて取れてしまう。これをふるいでとり除くと、麦芽つくりは完了である。これを粉砕器（ミキサー、コーヒーミルなど）で粉にしてたくわえ、必要に応じて使用すればよい。

次は**ホップである。**

ホップは桑科に属する蔓性の雌雄異株の多年性草本である。ビールに使われるホップはすべて栽培種。やや冷涼な温帯地方で栽培されている。その地域は広く、六大州、三十数ヶ国にわたっているが、主産地は西ドイツ、アメリカ、チェコスロバキア、ソ連、イギリスなどで、有名な産地は西ドイツのハラタウ、スパルト、テトナングなどとチェコスロバキアのザーツなどがあげられる。

ホップとは雌株につく毬花(まりばな)につけられた名前である。しかも受精前の処女花でなければならない（受精すると味、香りが落ちる）。イギリスでは受精した雌花を使うが、これは国際的には通用しない。すなわち、ホップの雄株は全く価値がないのである。

私達のビールの手造りではホップの入手が一番頭痛のたねである。

第8表は日本での栽培状況だが、すべて、ビール四社の委託栽培で

第33図　ホップの毬花

ホップは7月の初め頃，雌花が開き，やがてマツカサ状の毬花に発達する。これを受精前につみとり乾燥して使用する。栽培は雌株だけを用いる。収穫期は毬花が成熟する8月中～下旬。

第8表 全国のホップ組合の現況（全国ホップ農協連，昭和53年）

県名	組合名	契約会社名	栽培面積	生産量
長野	高水	サッポロ，アサヒ	6,547 a	96,929.4 kg
	善光	サッポロ，アサヒ	3,480	53,958.6
	佐久	サッポロ	1,276	18,057.3
山梨	山梨	キリン	1,235	14,191.6
福島	会津	キリン	13,279	200,194.9
	県南	キリン	2,754	37,116.4
山形	山形	アサヒ	22,199	456,358.9
	村山	キリン	10,483	169,371.2
	置賜	キリン	12,600	229,956.7
岩手	県北	サッポロ	10,783	225,256.3
	サントリー岩手	サントリー	1,080	21,997.9
	江刺	キリン	7,419	112,732.9
	岩手	アサヒ	1,424	37,331.3
	遠野	キリン	10,666	141,865.5
宮城	宮城	サッポロ	3,198	49,921.1
青森	岩手県北	サッポロ	3,184	69,442.5
秋田	秋田北部	キリン	3,521	63,902.0
	大雄村	キリン	1,514	32,234.0
	太田町	サッポロ	4,341	96,134.9
北海道	上川	サッポロ	1,662	32,764.3
新潟	中越	アサヒ	780	7,316.3
全国			123,425	2,167,034.0

第34図　野生のホップ（カラハナソウ）

桑科。山地にはえる蔓性の多年草。茎は長い蔓となり，他の草木にまきついて茂り，葉，柄ともに鉤刺がある。葉は対生で葉面はざらつく。雌雄異株。秋に細かい花をつける。雄花は多数円錐花序につき，淡黄色。雌花は淡緑色で球状に集まる。ホップの１変種（左の写真は乾燥させたもの)。

ある。これを入手するにはツテをたよって、頭を下げてわけてもらうか、長期計画で、自分で雌株を栽培するしかない。

あるいはわが国の野生ホップを集める。野生ホップは「カラハナソウ」と呼ばれ、本州の中部から北海道にかけて、山地に自生している。このカラハナソウの雌花を採集する。夏から初秋にかけて採集し、乾燥して保存する。

アメリカやイギリスの手造り酒材料店にゆけば乾燥ホップまたはペレット状のホップを買えるから、ごっそりと仕入れて来て、冷蔵する。ホップがビールに広く用いられるようになったのは近世からで、その効用は①ビールに独特の芳香とそう快な苦味をつける。②雑菌の繁殖をおさえ、ビールの腐敗を防ぐ。

③ビールの泡だちをよくする。④麦汁中の余分の蛋白質を沈澱、分離させ、ビールを清澄させる——のだが、いざとなればホップなしでも手造りビールは出来るのである。

▨さあ、ビールの手造りだ！

ビールのホーム・ブリューイングは次の順序で進行する。

麦芽の糖化（麦汁つくり）↓糖化終了液のろ過↓ホップの添加↓煮沸↓ろ過↓冷却↓水による濃度調整↓酵母添加↓発酵↓オリびきとびん詰↓びん内後発酵↓冷却（冷蔵）

以上である。

原理的にはビール会社のビールと全く同じである。ただ「発酵」以後のあつかいがちょっとちがってくる。それはガス圧をたもったままでのろ過、びん詰がホーム・ブリューイングでは困難だからである。

それにアマチュアのビール、すなわち、アマビールはナマビールであることが原則である。遠方にはこぶわけではなく、酒の問屋の倉庫や小売店の店さきでたなざらしにされたり、乱暴な取り扱いをうけたりするわけでもないのだから、くさることもない。だから、パスツーリゼイション（びん詰熱殺菌）の必要が全くないからである。そこで、オリびきをやりながらびん詰して、びんの中で後発酵を行い、そのときに発生する炭酸ガスをとじ込め、あとは冷蔵庫で熟成させ、冷蔵庫から食卓に直行

第35図　ビールの出来るまで

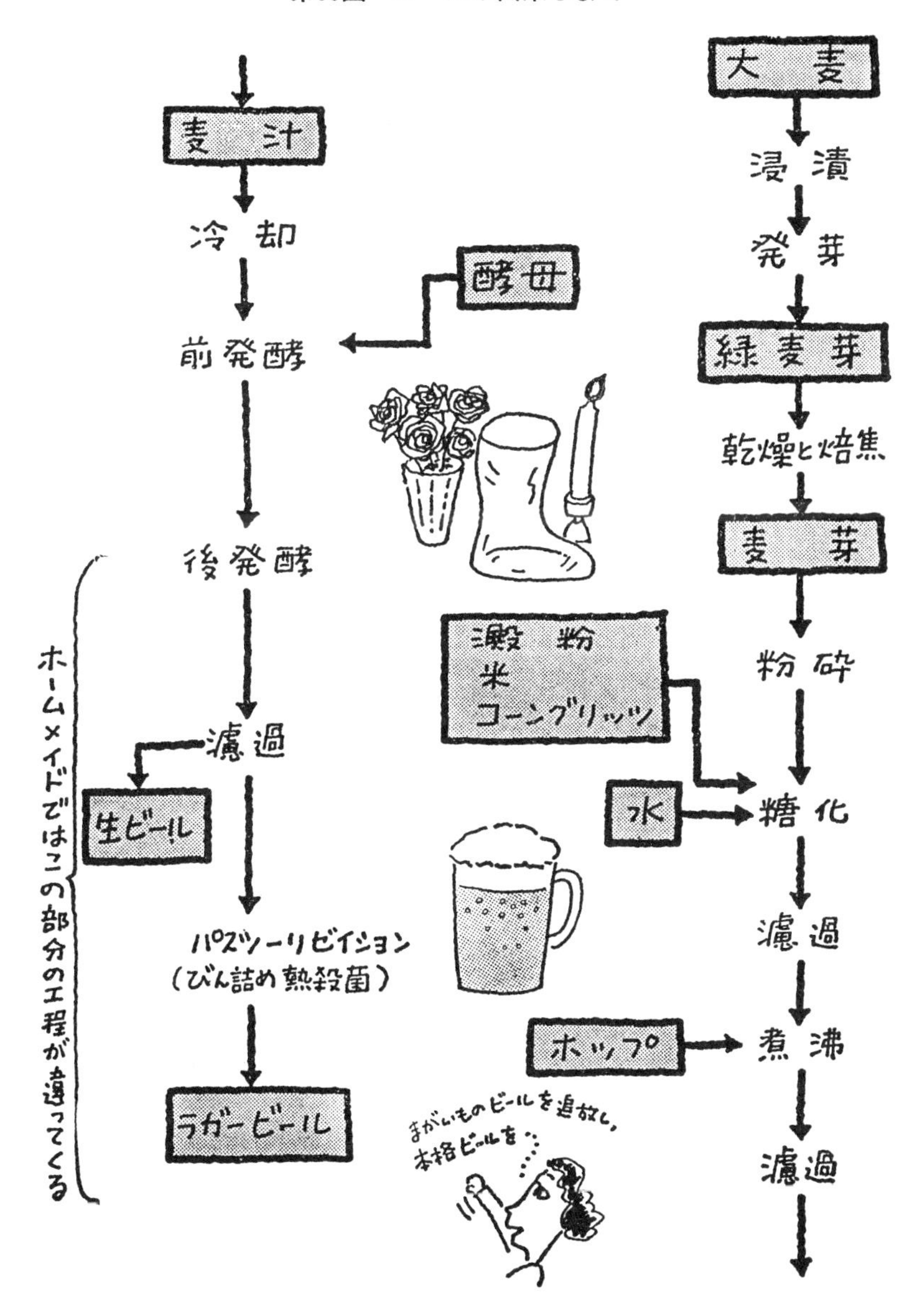

第9表　ビールのタイプと麦芽，ホップ使用量

タイプ	標準アルコール分	原麦汁濃度		原麦汁1リットル当り		備考
		比重	しょ糖計目盛	麦芽 g	ホップ g	
ペール・エール	4.5	1.035	9	140	3.6	日本の普通のビールはすべてこのアルコール分のもの
エールまたはスタウト	6.0	1.045	11	170	5.5	イギリスタイプのビール
ストロング・エール	8.0	1.060	15	230	5.5	イギリスタイプでアルコール分の高いもの
モルト・リカー(バーレー・ワイン)	10.0	1.080	20	310	15.0	アルコール分が普通のビールの2倍以上あるものはビールと呼ばない

させればよいのである。こんな理想的なビールはホーム・ブリューイングならではのものである。さあ、ホーム・ブリューイングのスタートである。

第9表にビールのタイプとその麦芽およびホップの使用量を記載してあるので、これを参考にして仕込みを行っていただきたい。

日本の普通のビールはペール・エールの欄の麦芽とホップでよいから、一リットルについて麦芽は一四〇グラム、ホップは三・六グラムである。もし、五リットルの仕込みを行いたいときは麦芽は 140×5 で七〇〇グラム、ホップは 3.6×5 で一八グラムとなる。

手順その他は第35、36図を見ていただきたい。ミードやワインより、ちょっと面倒だが、たいしたことはない。ビールをつくるとき是非とも知っておかなければならない用語に「上面発酵」と「下面発

酵」がある。一五世紀のおわり頃、ドイツでビール醸造に大きな変化が起りはじめた。それは低温発酵というビール醸造法の出現であった。

古代オリエントに始まり、ヨーロッパにわたってきた従来のビールは比較的高い温度で醸造が行われる。これは自然の冬の気候以外に物を冷やすすべをもたなかった時代には当然のことであった。だがドイツのように長く寒い冬のつづくところでは冬の気温をうまく利用すれば低い温度でビールを醸造することも決して困難なことではなかった。冬の気温を活用して低温でビールをつくると美味しく貯蔵性のいいビールが出来ることをドイツ人はこの時代にはっきりと認識したのである。当時の人たちはこれを「ビールの冷たい醸造法」と呼んだ。

「冷たい醸造法」では、酵母は、冷温でよく繁殖し、しかも、発酵中でも液の底の方に沈みがちで、発酵が終りに近づくと発酵槽の底に急速に凝集し、沈澱して来る。ところが、発酵温度の高いビールでは酵母は炭酸ガスの泡とともに発酵液の表面に多く集り、沈降がおそい。こんなところから低温で発酵を行うものを下面発酵、温度の高い発酵法のものを上面発酵と言いならわすようになった。近代の微生物学の進歩の中で、このちがいは酵母の種類のちがいによることが明らかにされ、今日、世界の大部分のビールは低温の発酵タンクで、下面発酵性の酵母を用いて醸造されている。一方、イギリスでは今日でも上面発酵タイプのビールが広く愛飲されている。エール、ポーター、スタウトといったイギリス型のビールはすべて上面発酵性の酵母で醸造されている。

くりの手順

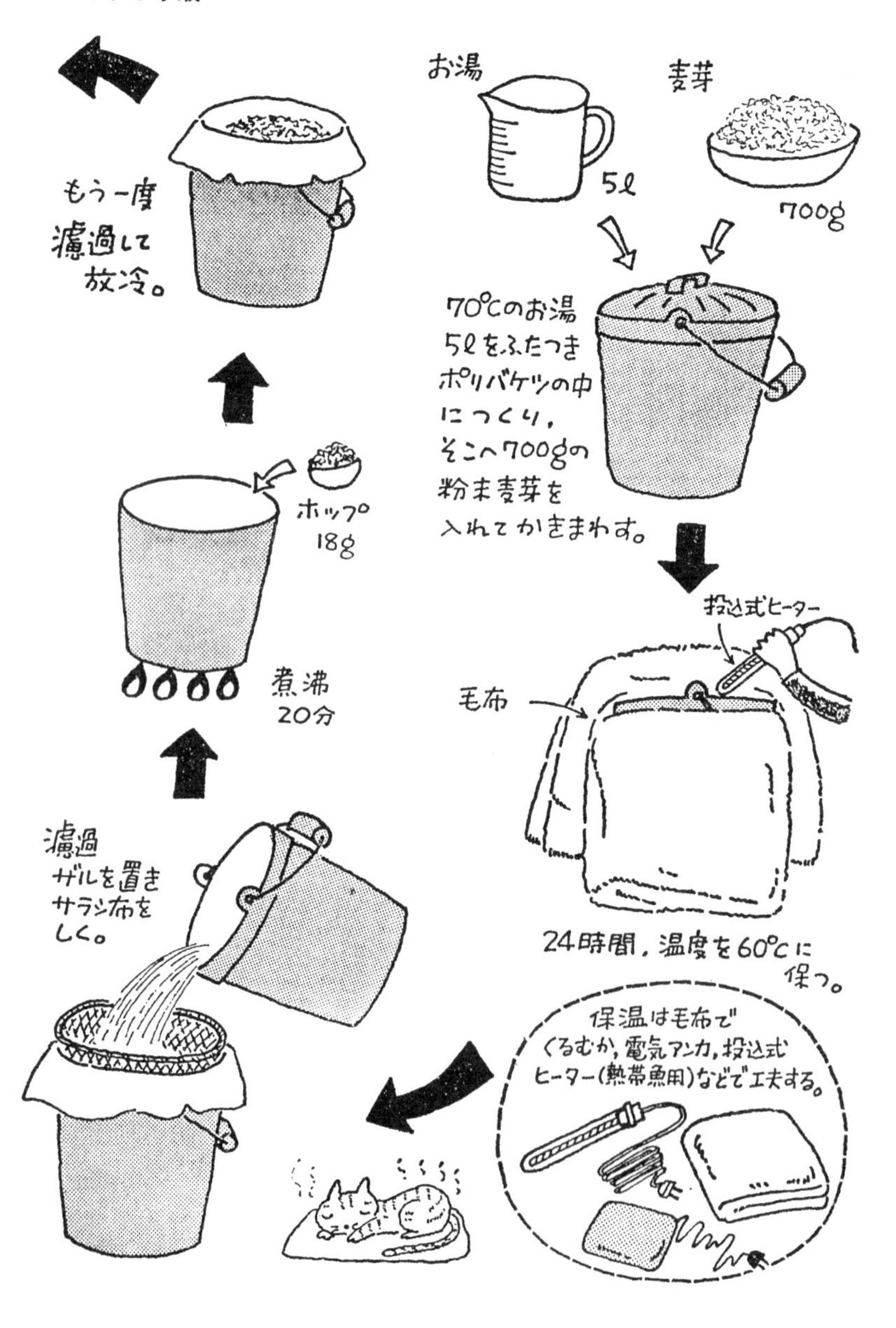
お湯
5ℓ
麦芽
700g
70℃のお湯
5ℓをふたつき
ポリバケツの中
につくり，
そこへ700gの
粉末麦芽を
入れてかきまわす。
投込式ヒーター
毛布
24時間，温度を60℃に
保つ。
保温は毛布で
くるむか，電気アンカ，投込式
ヒーター（熱帯魚用）などで工夫する。
濾過
ザルを置き
サラシ布を
しく。
煮沸
20分
ホップ
18g
もう一度
濾過して
放冷。

第36図 ビールつ

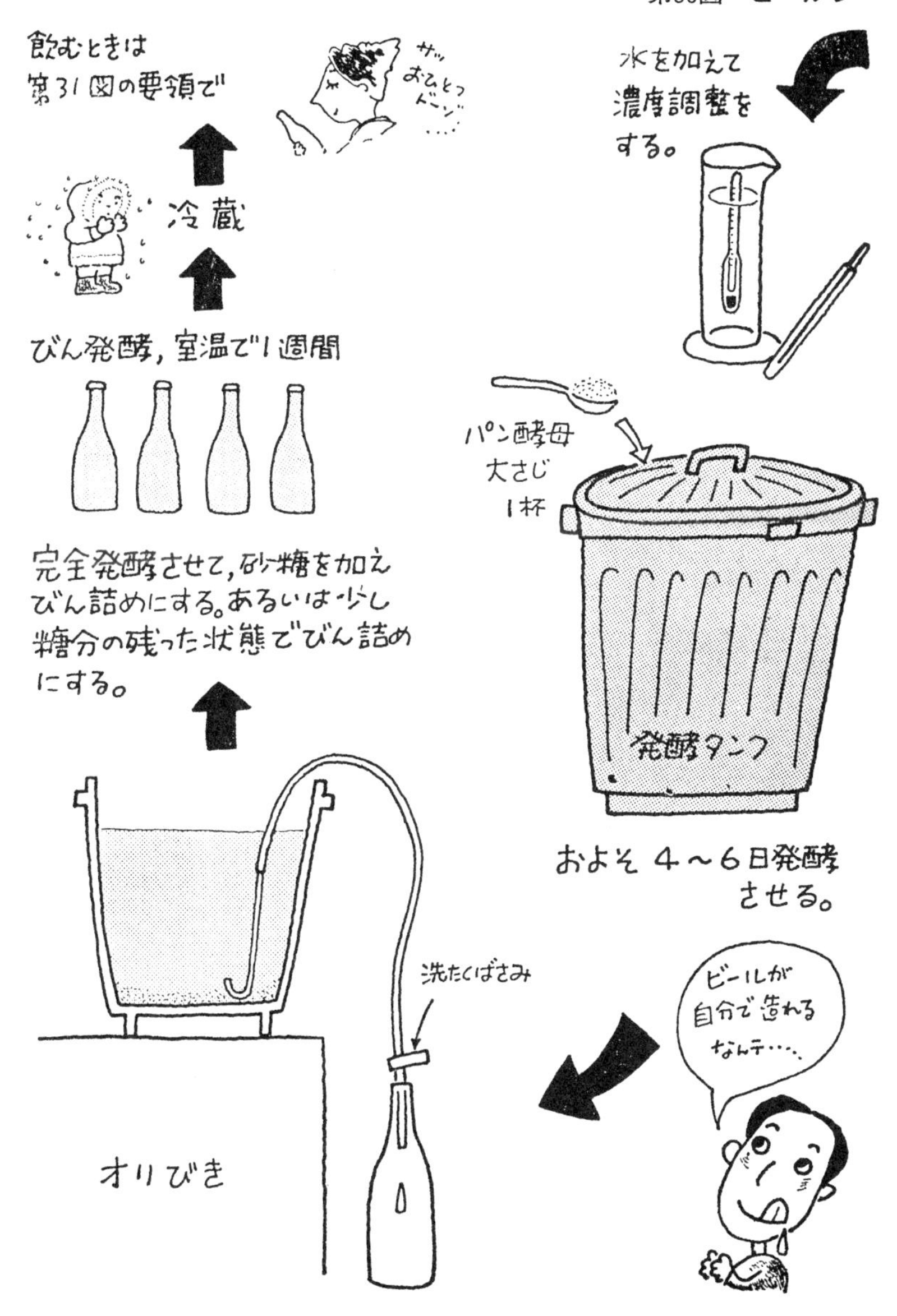
水を加えて
濃度調整を
する。
パン酵母
大さじ
1杯
発酵タンク
およそ4～6日発酵
させる。
ビールが
自分で造れる
なんテ……
オリびき
洗たくばさみ
完全発酵させて，砂糖を加え
びん詰めにする。あるいは少し
糖分の残った状態でびん詰め
にする。
びん発酵，室温で1週間
冷蔵
飲むときは
第31図の要領で

第37図　欧米なら簡単に入手出来る打栓機３種

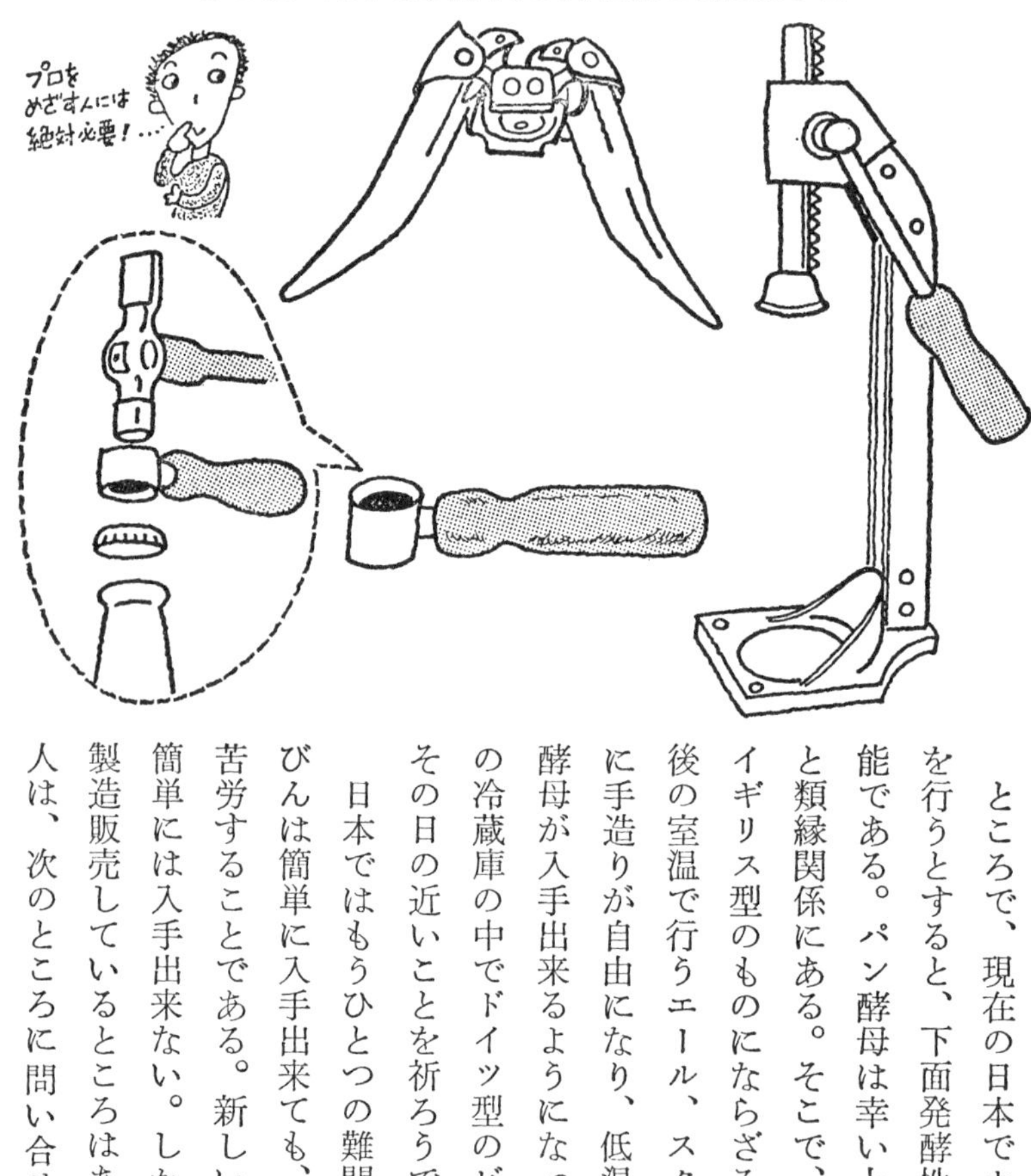

ところで、現在の日本でホーム・ブリューイングを行うとすると、下面発酵性のビール酵母は入手不能である。パン酵母は幸い上面発酵性のビール酵母と類縁関係にある。そこで、私達のビールは当面、イギリス型のものにならざるを得ない。二〇度C前後の室温で行うエール、スタウトである。そのうちに手造りが自由になり、低温発酵の下面発酵ビール酵母が入手出来るようになったら、一〇度Cぐらいの冷蔵庫の中でドイツ型のビールにトライしよう。その日の近いことを祈ろうではないか。

日本ではもうひとつの難問がある。それはビールびんは簡単に入手出来ても、これに打栓することに苦労することである。新しい王冠、そして打栓機が簡単には入手出来ない。しかし、高価ではあるが、製造販売しているところはある。本格的にやりたい人は、次のところに問い合せていただきたい（橋本缶詰研究所＝東京都中野区野方三―二七―九、電話〇三―三八八―三〇二一）。そこまではと思う人は、ネジキャップのびんに詰めよう。

びん詰時期の判定はスパークリングワインの項で述べた「ワインの蒸留エキス分の測定法」により残留液の比重をしらべ、比重が一・〇一四〜一・〇一九のあいだになったとき、オリびきをしながらびん詰をする。あるいは完全に発酵を終了させた後、一リットルについて砂糖四グラム（スパークリングワインのときは八グラムであった）を加え、びん詰し、びん内発酵させればよいのである。

クワスをつくってロシアの主婦につづこう

古代エジプトの壁画によればパンとビールとは同じ作業場でつくられていた。すなわちパンからつくる酒がビールの原型である。そして、北の大国ソ連ではパンを原料とした古代ビールの伝統をそのまま伝えたような家庭飲料クワスが盛んに手造りされている。密造などという野暮なことは言わない。主婦がこれを毎日の料理のようにつくるのだ。

私もこのクワスを東京のあるロシア料理の店でふるまわれたことがある。苦味のない、軽いビールのもろみのような飲物で、炭酸ガスを含み、ちょっぴり甘味があって美味しかった。そこのマスターが「これがないとロシア料理の雰囲気が湧いてこない。アルコール分はほとんどないよ」と強調したのは密造だなどとさわぎたてられては困るからだろうが、ほろりとした酔い心地はビール程度の軽ア

第38図 クワスつくりの手順

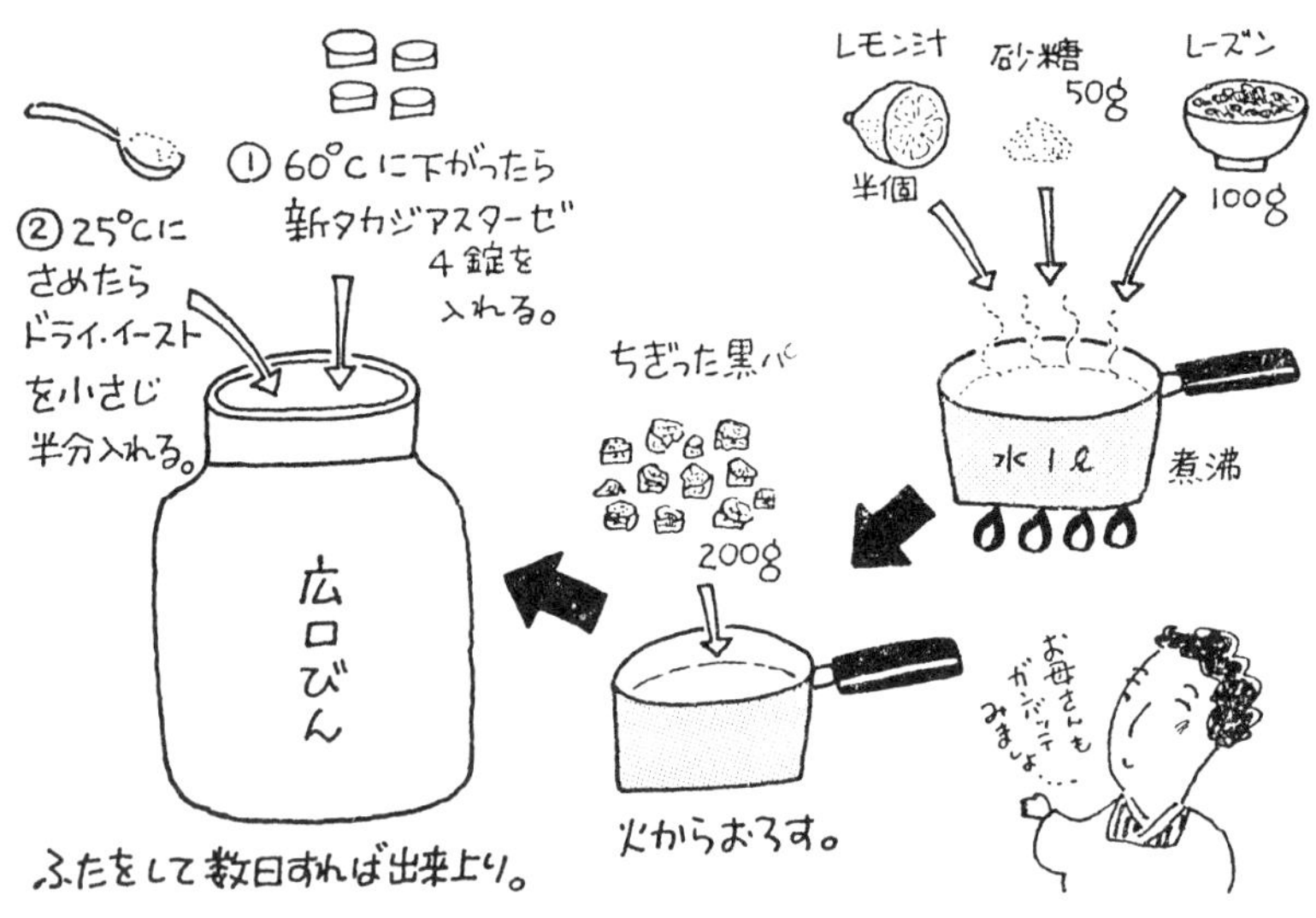

レーズン（乾ブドウ）100g，砂糖 50g，レモン汁半個分を 1 ℓ の水の中に入れて煮たてる。火からおろしたところへ，こんがりと焼いた黒パン 200g をこまかくちぎって加え，広口びんに入れ，温度が 60°C に下って来たところで，三共の新タカジアスターゼ錠 4 錠を加える。ときどき，かきまぜながら，25°C ぐらいまでさめたところでドライ・イーストを小さじ半分ぐらい加え，軽くフタをしておく。

数日後，まだほんのりと甘味が残っているところで，ザルで簡単にこして出来上り。冷して飲むと美味しい。

ルコール飲料であった。

このクワスをつくって、ロシアの主婦につづこう。レーズン（乾ブドウ）一〇〇グラム、砂糖五〇グラム、レモン汁半個分を一リットルの水の中に入れて煮たてる。火からおろしたところへ、こんがりと焼いた黒パン二〇〇グラムをこまかくちぎって加え、広口びんに入れ、温度が六〇度Cに下ってきたところで、三共新タカジアスターゼ錠四錠を加える。ときどき、かきまわしながら、二五度Cぐらいまでさめたところでドライ・イーストを小さじ半分ぐらい加え、軽くふたをしておく。数日後、まだほんのりと甘味が残っているところで、ザルで簡単にこして出来上りである。冷蔵庫でよく冷やして、炭酸ガスのあるところを飲む。まさに活性度の高い酵母の生命力を飲む健康飲料だ。ロシア料理の熱いボルシチにとてもよくあう。おためしあれ。

第三章　ドブロクをつくろう

ドブロクつくりは文化運動である

私達はようやく日本人の民族の酒を手造り出来る段階に到達したようである。それはビールとならぶ穀物の酒で、この高級篇のもうひとつのメインテーマである濁酒である。それは清酒の原点のような酒でありながら、今やすっかり日本人の脳裡から忘れ去られようとしている濁酒である。

濁酒――これはダクシュと訓(よ)んではいけない。胸をはってドブロクと大声で叫んでいただきたい。あとで述べるように、このドブロクは日本人の心のふるさとのような酒でありながら、今はカネやタイコで探し廻っても絶対に買うことが出来ない。だから飲みたいとなればどうしても自分でつくらなければならない。

邪馬台国の女王・卑弥呼(ヒミコ)のことを記した「魏志(ギシ)」倭人(ワジン)伝（三世紀の後半、晋の陳寿によって編纂された史書）の中で「人の性、酒をたしなむ」「歌舞飲酒をなす」と書かれた私達日本人の先祖達は稲を植え、米を使ってドブロクをつくった。

以来、稲作農民は明治に到るまで誰はばかるところなく、ドブロクをつくり続けてきた。祭りの日をはじめとする、さまざまなハレの日にはこの自醸のドブロクに酔い、喜びを高揚させ、悲しみや憂さを酔いの力でまぎらわせ、氏神、氏子、親類縁者の連帯感を高めてきた。

だが、このドブロクも今はない。それは明治、大正、昭和の三代にわたる政府によって執拗に消されつづけてきたからである。その理由はなんだったろうか。

ヒトはサケをつくるサルである。人間は食料を求め、衣類をつくり、性の営みをし、子供をつくる。これらとまったく同じ、当然の営みとして太古から酒をつくってきた。貨幣経済の発達にともなって専門の酒造家が生れるようになったが、現金はないが、米はある農村地帯ではこの米からドブロクをつくることはごく自然なことで、味噌や醬油を自家醸造することと何ら変りはなかった。

酒造が飛躍的に進歩した江戸時代に、酒造家に運上金や冥加金が課せられたり、凶作のときに酒造制限令が発せられたりすることはあっても自家醸造のドブロクは原則として自由だった。農民たちは凶作の年などドブロクをつくろうにもつくる米などありようがなかったからつくれなかった。それが明治に入ると次第に様子が変ってきたのである。それは酒造家のつくる酒だけに課税していても、ドブロクを野放しにしておいたのでは税収が尻抜けになってしまうことに気づき始めたからである。

酒税率を上げるとともにドブロクにも規制がもうけられた。明治十三年に初めてドブロクは一年一石（一八〇リットル、一升びんで一〇〇本の量）以内にとどめることが決められ、さらに二年後の十五年にはこの一年一石以内に限られた自家用のドブロクにまで年八〇銭の免許鑑札料を納めさせられることとなり、つくったドブロクの売買も禁じられた。明治二十七、八年の日清戦争後の財政不足になやむ政府は、明治二十九年に酒税を大幅に増額し、同時に自家用酒税法を制定し、自家用のドブロクの製造をきびしく制限し、税金も大幅にアップさせた。だが当時、全国で約一〇九万戸を数えたという自家醸造免許を持つ農家から税金を取ったり取締りをすることはまさに不可能に近いことだったのである。こうして明治三十二年一月一日から自家醸造は全面禁止となり、自家醸造酒は一夜にして「密造酒」に変った。

日清戦争が終り、日露戦争に向けて戦力をたくわえてゆく明治三十三年頃、税収全体に占める酒税の割合は三三％を占めていた。昭和五十六年はわずか五％あまり。酒税の重さは今日とは比較にならない。それだけに政府としては何としても税金のとれないドブロクをおしつぶしたかったのである。無理を承知のゴリ押し的な禁止であった。

大正九年、仙台税務監督局（現仙台国税局）発行の「東北六県酒類密造矯正沿革誌」でも、そのことを次のように率直に記している。

「次いで日清戦後、にわかに膨張したる国費はさらに酒造税の増額を必要とするとともに、ここに自家用酒の醸造を絶対に禁止することとなりたり。これ、けだし、国運の発展に伴う自然の数なりといえども、これがため、昨日の権利行為たる酒類の自醸は一朝にして犯罪行為を以て排せらるるに至り、斯くして農村に於ける唯一の慰安物として必需品たる観を呈したる自家用酒をして、地方農民の間に其の跡を絶たしめんとす。あに容易の事ならんや」——。

農民達にして見れば、まさに鳩が豆鉄砲を食らったようなものである。ついこの間までは自由につくれたドブロクが密造という犯罪となったのである。自分でつくった米を炊いて食べるのと同じような行為が罰せられることになったのだから。ドブロク禁止の一方で酒造家に対する酒税は急ピッチで引き上げられていった。酒税は消費者転嫁の間接税である。当然のことながら、酒の市価は高くなり、貧しい農民にとって高嶺の花となった。そこで、ドブロクをつくれば国が容赦しなかった。税務署が、警察が襲いかかった。ドブロクしか飲めない農民は常に「密造」の罪におびえなければならなくなったのである。

これも欽定(キンテイ)憲法で、天皇が神様であった戦前はまあよい。今は民主憲法の時代である。主権は私達にある。それなのに酒に関する国の考えは全く変っていないのはどうしたことだろう。酒税法が適用されるのは「商品としての酒」だけで充分である。家庭の酒つくりなど、主婦の料理やパンの手造りととなりあわせのようなもので商品ではない。酒税法は「商品としての酒」の規制法にとどまるべき性格のものである。平和な家庭の中にまで土足で踏み込むような適用は酒税法の過剰解釈であり、まさに濫用としか言いようがないのである。

敗戦後の新しい日本が酒税法の本格的改正を行ったのは昭和二十八年と三十七年の二回であった。農民の自家醸造のドブロクは明治三十二年に密造の罪名を着せられることになったのは先刻ご承知の通りだが、ちゃんと国から製造免許を得て、酒税を払って商品となった官許の濁酒はその後も細々と生きのび、昭和二十八年の改正後も条文の中に立派に残存していた。

だが、この官許の濁酒も昭和三十七年の大改正では条文の中から完全に抹消されてしまったのである。おそらく、このときの大蔵省の役人の考えは「清酒だけあれば、それで充分、濁酒はドブロクで密造酒の代名詞、それに今や濁酒は商品としては存在していない。だから濁酒という言葉は酒税法にはなじまない」ということであったろう。かくしてドブロクという名は勿論のこと漢字の濁酒という名さえ公式の場から一切、消えてしまった。したがって、税務署がドブロクを摘発しようとすると、これは「その他の雑酒」という変な用語で文章化されることとなる。

だから、私たちのドブロクつくりは日本民族のこころのふるさとを取りかえす文化運動である。悪代官に立ち向う義民の心意気で盛大にやろうではないか。政府に非を認めさせるまで。

▨ドブロクつくりはコウジつくりから

カビは澱粉を糖分に分解したり、蛋白質をアミノ酸に分解したりする、さまざまな酵素を分泌する。

高温多湿の日本はカビの絶好の風土である。ヨーロッパならパンを放り出しておいても、乾いてカチカチになるだけだが、わが国では青、紅、黄とさまざまなカビにたちまちおおわれてしまう。私達の先祖たちはこのカビを実にたくみに酒や食品つくりに応用した。

有益なカビを選び出し、これでコウジをつくり、味噌、醤油、ドブロク、清酒、焼酎、みりん、白酒、甘酒、塩辛、漬物などに活用した。コウジカビ（学名アスペルギルス・オリゼ）という名も日本のコメコウジから分離されたからである（コメの学名オリザ・サチバ。すなわちアスペルギルス・オリゼはコメ―オリザに起因する）。コウジには麹と糀の二つの文字がある。麹はいわゆる漢字で、米麦をねかせて衣をつくらせたものの意味があり、音ではキクと訓む。すなわち、製麹はセイキクである。一方、糀は花のようになった米を意味する日本でつくられた文字である。

このコウジを失敗なくつくるための種コウジを専門につくって売る商売が、室町時代の昔から存在していたということから、日本人にとってコウジが如何に大切だったかがよくわかる。蒸し米にこの種コウジを散布し、繁殖させ、花をつけさせるから糀なのだ。そして日本の酒つくりはこのコウジつくりから出発する。

ドブロクをつくるなら、このコウジつくりから始めたい。コウジはコウジ屋さんの既製品をではいささか安易に過ぎるのではないだろうか。家庭用の種コウジは最近の手造りブームであちこちで買えるようになった。例えば秋田今野商店（秋田県仙北郡西仙北町刈和野二四八、電話〇一八七（七五）一二五〇）

コウジつくりの手順

〈準備するもの〉

・材料
白米1kg
種コウジ1～2g

・道具
ボール，ザル，蒸し器，布巾（大きめのもの）4～6枚，バットなど浅くて底のひろい容器2～3個を用意する。

・保温用にダンボール箱，毛布，電気あんか，温度計，1～2cm角の木切れ2～4本

・道具類はすべて清潔なものを使うこと。

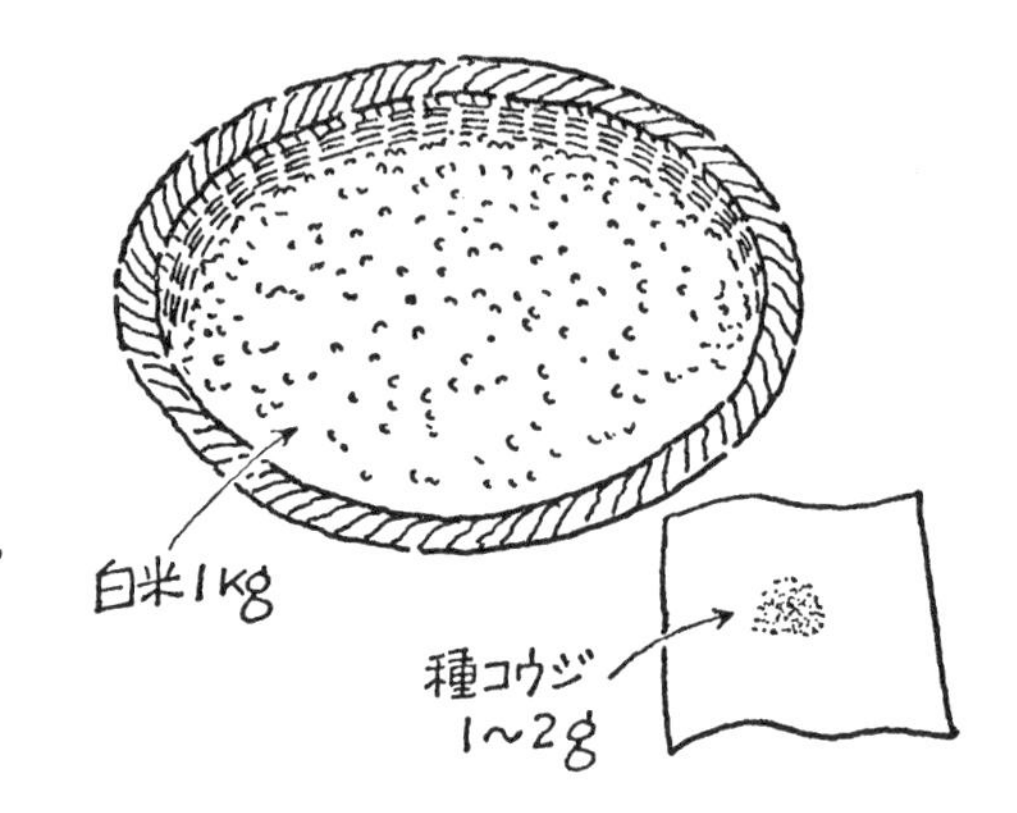

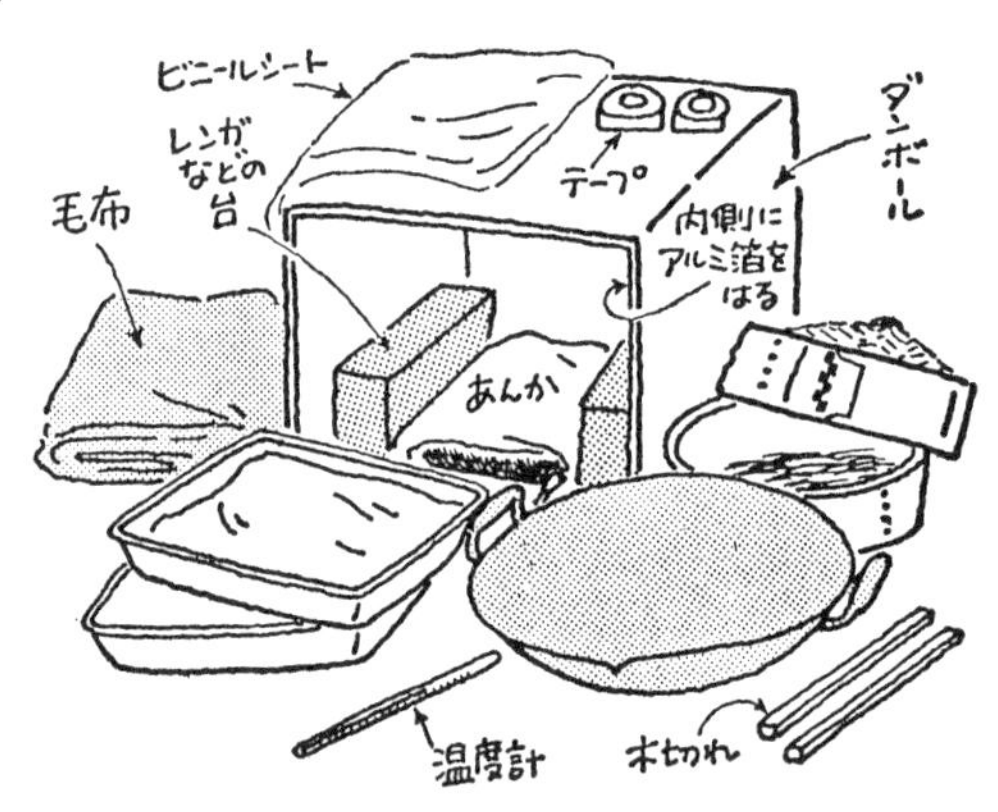

・白米をよく洗い，たっぷりの水に浸して水を充分に吸わせる。浸しておく時間は秋と春8～10時間，冬は一昼夜，夏でも3～4時間。

・米をザルにあげて10～20分そのままにして，水を完全に切る。

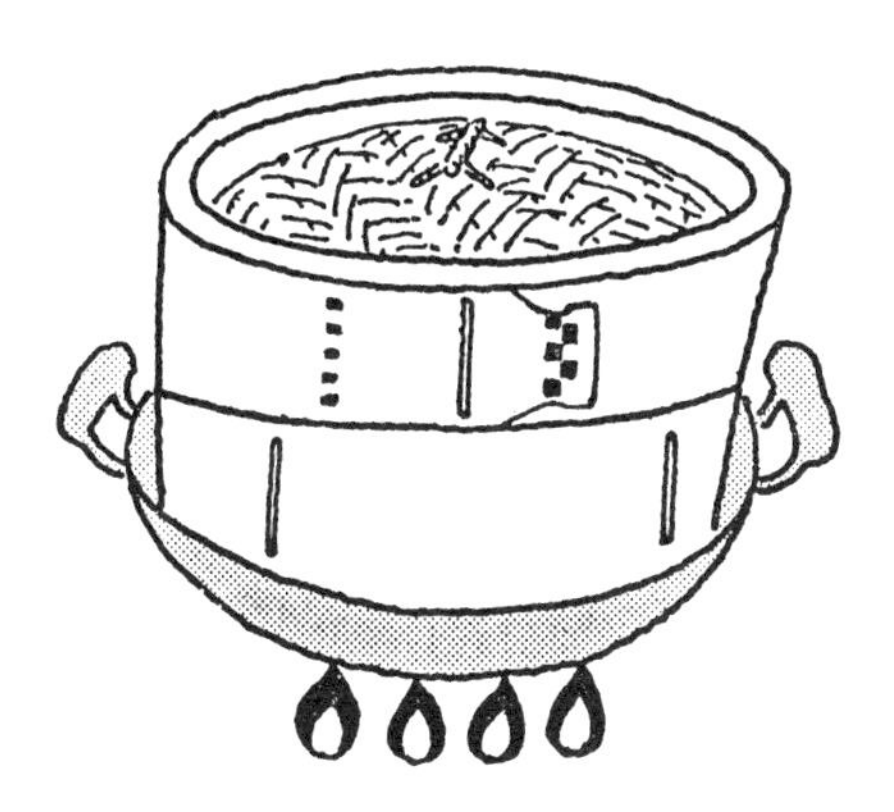

・このあいだに米を蒸す準備をする。せいろなど蒸し器にたっぷりと湯をわかす。蒸気が上ってきたら，蒸し器にかわいた布巾を敷き，水切りした米を入れる。

　中央を少しくぼませて蒸気の通りをよくし，蒸し器のフタをして強火でむす。蒸気が米を抜け始めてから，たっぷり1時間蒸す。

　金属製のごくふつうの蒸し器を使う場合はつぎの注意が必要。

- 蒸し器に直接布巾を敷かず，空かんのフタ，皿などを置き，すのこか，もち焼きあみをのせ，それから布巾を敷き，米をのせる。
- フタの下にかわいた布巾を一枚入れる。
- フタをきっちりとせず，割ばしなどをはさんで，蒸気の通りをよくする。

・蒸し器のお湯が少なくなったときは必ず熱湯をたす。

・米全体がすきとおってパラパラ，ふんわりと蒸せていること。べたついた部分のないこと。蒸し上りは1kgの白米が1.3〜1.4kgとなる。

・米を蒸しているあいだに保温の準備をする。保温の工夫は199ページの別図を参照。寒いときは中をあらかじめあたためておく。あたためておく温度は30℃前後。電気こたつを使ってもよい。

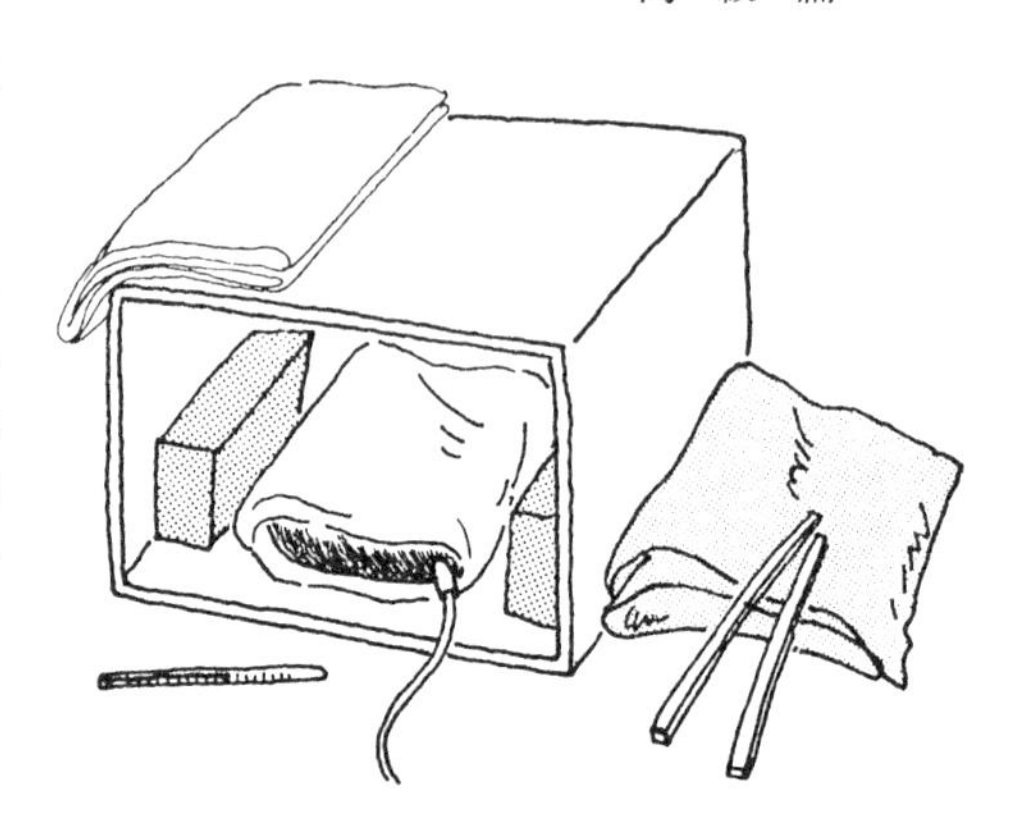

・蒸し上った米をバットなどに布巾のまま取りだし，しゃもじでひろげて35℃ぐらいまでさます。気温の低い冬は米が冷えがちなので少し高めにする。

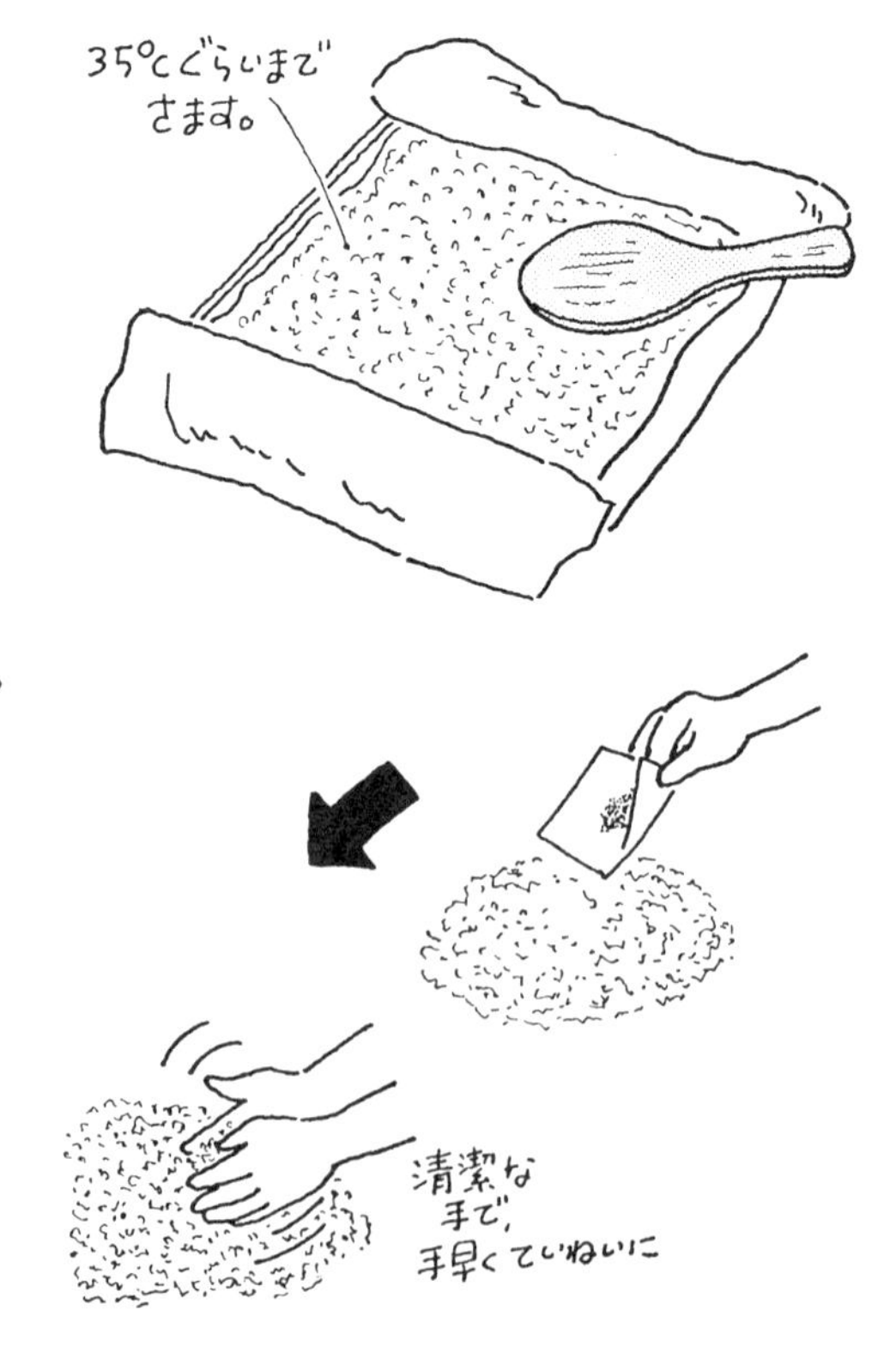

・この米に種コウジをまぜる。米の全面に出来るだけ均一にふりかけ，そのあと手でもむようにして，出来るだけ均一にまぜてゆく。

・雑菌が入らぬよう，手をよく洗ってから行うこと。蒸し米が冷えすぎるとコウジの発育がおくれるから，出来るだけ手早く，しかもていねいにやる。

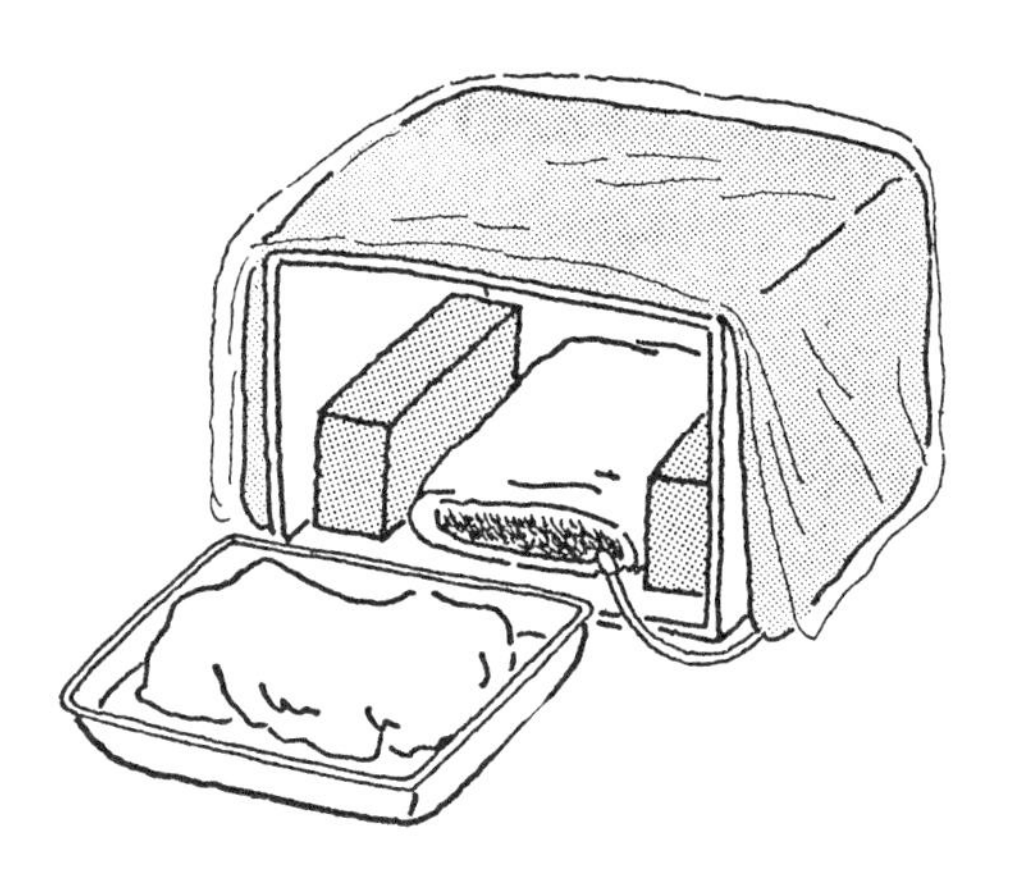

・種コウジをまぜ終ったら米をしっかりと布巾で包み，それをもう一度，かわいた布巾で包み，保温箱に入れる。

これは蒸し米の水分を均一にし，湿度をたもつのが目的で，このあいだに種コウジは出芽を始める。

・15～16時間たったところで大きめの布巾を敷いた浅いバットに2cmほどの厚さになるようにひろげる。

はみだした布巾はきちんとおりかえし，上に，ぬるま湯につけて，かたくしぼった布巾をかぶせて保温箱にもどす。

・容器をかさねるときはあいだに木切れをはさみ，下の容器の空気の通りをよくすること。密閉するとコウジの繁殖が不良になる。

このとき，米粒がうるんだように不透明になっており，さわってぬくもりを感じるようならまず成功である。

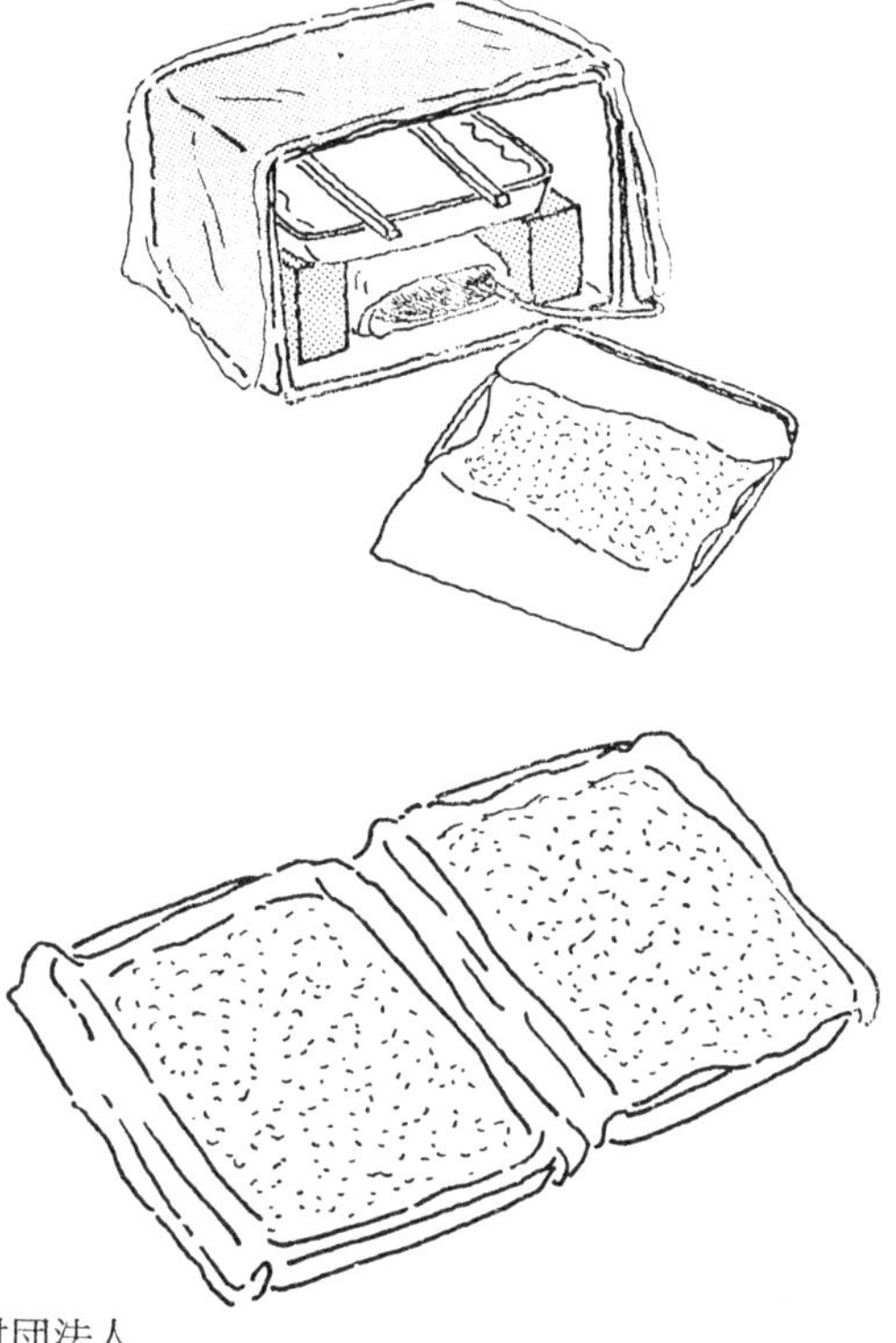

・そのまま一昼夜ほど30℃の室温に保温。取りだしてみて，米全体にコウジカビが育ちからみあって一枚となり，よい香りがただよっていれば出来上り。

・もし，コウジの発育が悪ければ，さらに保温をつづける。ひろげて保温している途中で上下の容器を入れかえる。かぶせた布巾がかわいていたら，ぬるま湯でしぼりしめり気をあたえるなどの注意をすること。

出来上りは1kgの白米が1.2kg程度となる。

（この図・表と説明は，財団法人ベターホーム協会刊『手づくり味噌とおみそ汁』を参考にした）

〈季節作業のスケジュール〉

	春・秋	冬	夏
	時 分	時 分	時 分
1. 水につける	第1日午前 9:00	第1日午後 7:00	第1日午前11:00
水切り	午後 7:00	第2日午後 7:00	午後 2:00
2. 蒸しはじめ	〃 7:30	〃 7:30	〃 2:30
蒸し終り	〃 8:30	〃 8:30	〃 3:30
3. さます	〃 8:30	〃 8:30	〃 3:30
4. 種コウジつけ，まとめて保温	〃 8:50	〃 8:40	〃 4:00
5. ひろげて保温	第2日午後 1:00	第3日午後 1:00	第2日午前 8:00
6. 出来上り	第3日午後 1:00	第4日午後 1:00	第3日午前 8:00

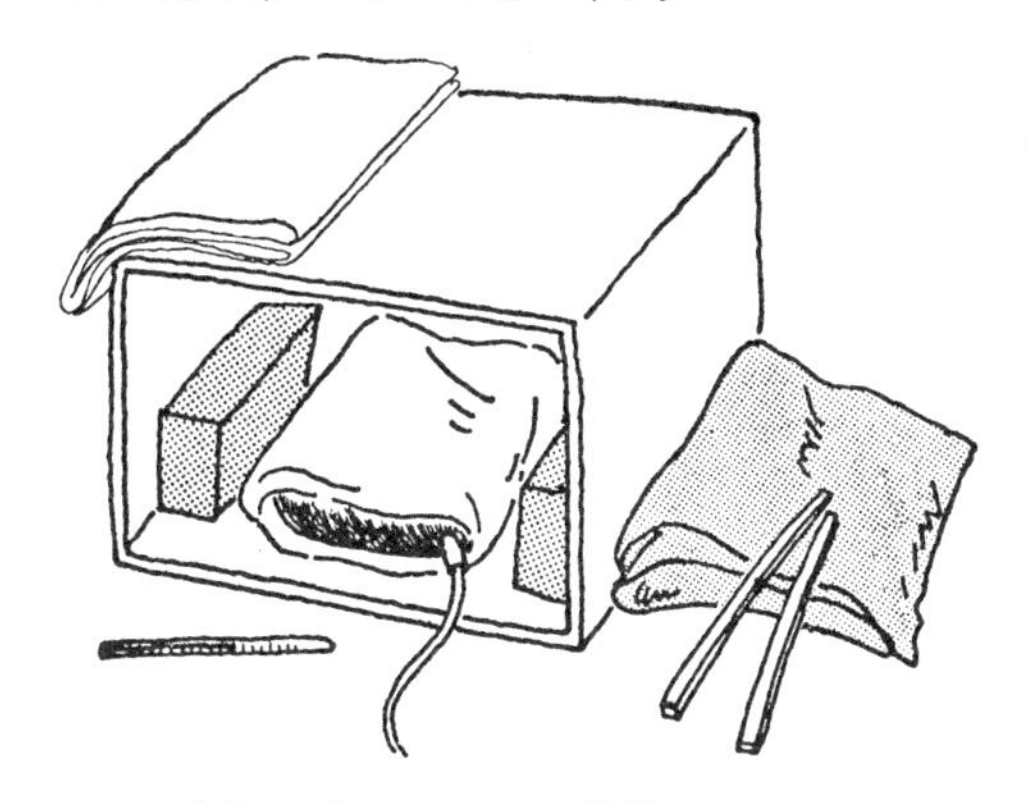

〈ミニミニコウジ室（むろ）〉

・段ボールのみかん箱の口をあけ，フタの部分をきっちりと中に折り込み，口のあいた箱をつくる。この箱の底と四面にちょうど入る段ボールの板をつくり（もう一箱のみかん箱をつぶしてつくる），それぞれにアルミ箔をはる（裏に折りかえして粘着テープではりつけるとよい）。この板をアルミ箔の面を内側にして，外箱にはめ込み，角のあわせめと口の周囲をキッチン用のアルミテープでとめる。この箱を横にして，上にキリで穴をあけ，温度計をさし込めば出来上り。

・電気あんかなどの熱源をセットし，レンガで台をつくる。電気あんかの上に直接コウジの容器（バットなど）をのせるとあたたまりすぎるので，板を一枚入れるか，あいだに空間があるようにする。前の口にはビニールシートをたらし，寒いときはさらに毛布などをかぶせる。

から、一袋五〇グラム入りの種コウジ（米三〇キロ分処理可能）が六〇〇円で販売されている（平成八年現在）。安いものである。

コウジつくりの手順は別図とその説明を参照していただきたい。

真白にコウジカビの育った優秀なコウジをつくるにはどんなことに注意したらよいだろう。

コウジカビの繁殖体である胞子（種コウジ）を蒸した米に植えつけて発芽させ、育ててゆく作業がコウジつくりである。コウジカビは生物だから、生育には適度の水分と温度と酸素が必要である。これらの上手な調整がよいコウジつくりのコツである。蒸した米の水分が三〇～三五％、温度が三五度C前後のときに種コウジをつけ、最初は充分な湿度を保ち、あとは極端な乾燥をさけ、通気を忘れないようにし、まわりの温度を三〇度C前後に保つのが調整の基準である。このためのミニミニコウジ室(むろ)のアイディアは前ページの図を見ていただきたい。電気ごたつも、使いようですぐれたコウジ室となる。

よくできたコウジは米粒の一粒一粒が細かい羽毛でおおわれたようになり、カビの菌糸がからみあって容器の中のものが一枚の板のように持ち上げられる。独特の甘い香りがして噛んでみると淡白な甘味が感じられる。

出来上ったコウジはまず酒母つくりにその一部を使い、酒母が出来上ったところで、残りの全部を本仕込みに使わなければならない。そのためには冷蔵しておかなければならない。出来上ったコウジはバラバラにほぐし、放冷したのち、ポリ袋に入れて冷蔵する。冷蔵庫のいやな臭気を吸いやすいから、気をつけていただきたい。そして、なるべく仕込みにあわせて、出来るだけ早く使い切ることが必要である。

▨ドブロクの仕込み・出発進行

わが国の清酒醸造には「一麹、二酛、三醪」という言葉がある。「イチコウジ、ニモト、サンモロミ」と読むのだが、これは清酒つくりで第一に必要なのはよいコウジをつくること、次がモトつくり、コウジがよくて、よいモトが出来ていれば、自然によいモロミが出来て、よい清酒が得られるということを意味している。

酛すなわちモトは「酒のもと」であり、酒母ともよばれるように清酒の酸味、旨味の基礎となり、そして、何よりも重要なことは、このモトの中に清酒をつくりだしてゆく原動力となる酵母が無数に育てられていることである。

清酒の原点であるドブロクでも、このモトを上手につくることは絶対に必要である。

もっとも、モトをつくらずに、パン酵母（ドライ・イースト）を使って簡単に仕込むことも出来るが、これは失敗もないかわりに風味も乏しく、出来上ったドブロクに愛情もわいてこないようであるが、失敗しやすい伝統的な方法と併行して試み、万全を期すとよいだろう。

〈最も簡単なドブロクつくり〉

これは次のようにつくる。ドブロク入門篇として手ならしにつくってみるのもよいであろう。白米三キログラムを水洗いし、浸漬、水切りし、蒸し上げてから（これはコウジのところで行ったことを参考にしていただきたい）、充分に放冷する。

この間に二〇リットル程度のフタつきポリバケツなどの容器に水五・六リットルをはかり、白米一キログラム分のコウジと大さじ二杯程度のパン酵母を投入しておく。ここへ二五度C程度になるまでさました蒸し米を投入し、毎日一回よくかきまわしてやれば、夏で一週間、冬で二週間ほどでおよそ一〇リットルのドブロクが出来上る。そのまま飲んでよく、米粒が気になる人はザルで荒ごしして飲む。

この方法では酸味をはじめとした風味に乏しい。これをインスタントに改善するには食品添加物販売店、薬局などで乳酸（特級規格または食添規格）を買ってくる。これを水とともに最初一〇ミリリットルを加えておけばよい。

ドブロクつくりの伝統的な方法には「**くされモト**」によるものと「**はなモト**」によるものがある。特別に「酵母」を添加しないというのが「伝統」の伝統たるところである。

〈「くされモト」を用いるドブロクつくり〉

「くされモト」によるドブロクつくりは次のような手順になる。――白米三升（四・五キログラム）をはかり、ていねいに洗い、水切りして、オケに入れ、水四升（七・二リットル）を加える。このとき、茶碗で二杯ほどの残りご飯をきれいな布袋に入れ一緒に浸しておく。一日一回ほどかき廻して、ご飯を入れた布袋をその都度、水の中でしぼるようにする。三日もすると甘酸っぱい発酵の匂いを生じてくる。この匂いの出てきた水が「くされモト」になる（古い酒造の方法で水モトとか菩提(ぼだい)モトと呼ばれるのはこの系統のものである）。これは乳酸菌と酵母が自然に繁殖してきたのである。この水を二〇リットル程度のフタつきポリ容器にとりわけておき（布袋の中のご飯はもはや不要）、米はせいろに入れて強火で蒸す。手の指でつぶれる程度に蒸したのち、これをゴザ、ムシロ、白布などの上に広げ、三〇度C（人肌）ほどになるまで放冷したら、コウジ二升（約三キログラム）とまぜ、とり

第39図　「くされモト」を用いるドブロクつくり

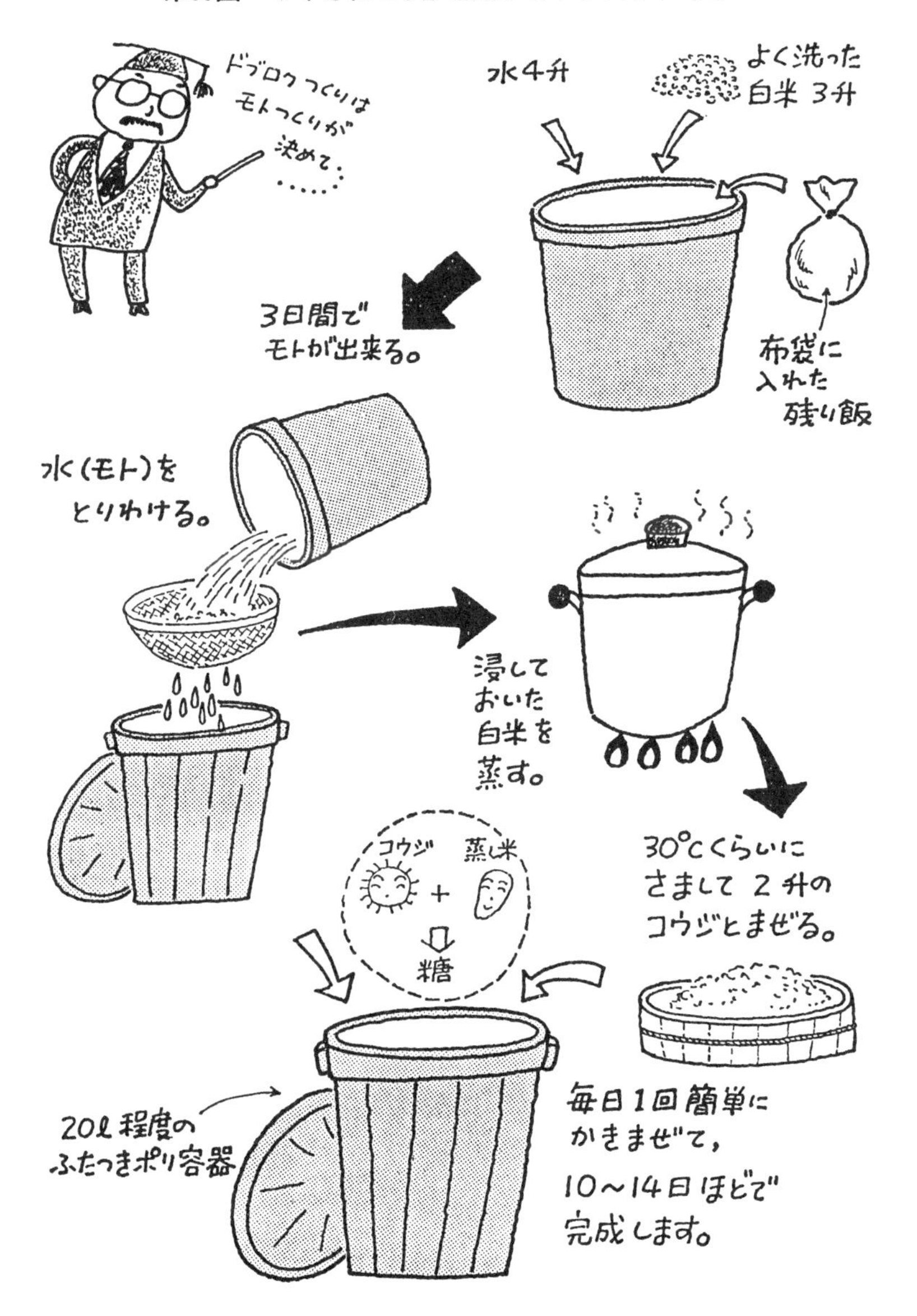

第40図　仕込んだ直後の状態

仕込んだとき，蒸し米とコウジの上に水が上っているのがよい。その後すぐに蒸し米が水分を吸収してふくれるので，表面に水はなくなるが，それでよいのである。1日1回かきまぜてやる。そのうち全体はドロドロになって甘くなり，ついでアルコール発酵が始まってくる。

わけておいた水の中に入れ、よくかきまぜておく。三日目ぐらいから盛んに発泡し、発酵しはじめるので攪拌して、全体を均一にまぜあわせる。五、六日目から味わってみると、はじめは甘く、だんだん辛くなって、一〇〜一四日もすればドブロクが完成している。泡だちが弱く、甘味の切れがおそいのは酵母が弱性の証拠で、こんなときは酸味がどんどん増してくるので、これを防ぐには蒸し米とコウジを水に加えるとき、大さじ一杯ほどのパン酵母を加えるとよい。

以上の説明は、春・秋（気温一六〜二二度C）につくった場合のものである。夏はもっと敏感に発酵し、完成も早い。反対に冬はじっくりとした発酵をする（くされモトをつくるときも同様で、甘酸っぱい匂いがしてこないばあいもある）ので、完成も一ケ月ほど（もっとかかる場合もある）みた方がよい。

第41図　「はなモト」を用いるドブロクつくり

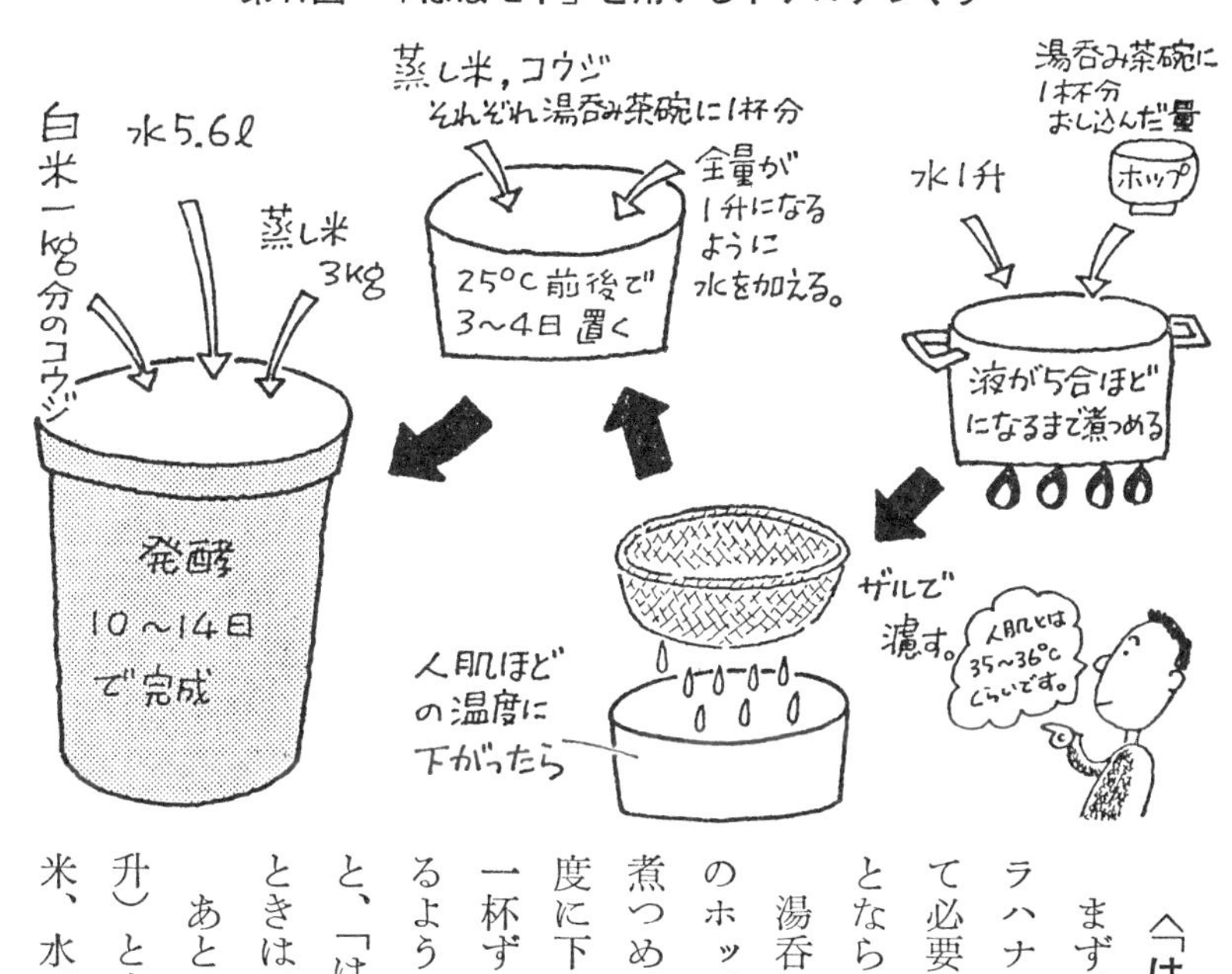

〈「はなモト」を用いるドブロクつくり〉

まず、ビールのところで述べた野生のホップ（カラハナソウ）の花を秋に摘んできて乾燥させておいて必要に応じて使うのだが、これも「くされモト」とならんで広く行われてきた方法である。

湯呑み茶碗にぎゅうぎゅう詰めにおし込んだ分量のホップに水一升を加え、液が五合ほどになるまで煮つめ、ザルでこして、ろ液の温度が人肌ほどの温度に下ったならば、蒸し米とコウジをそれぞれ湯呑一杯ずつ加え、全量が一升（一・八リットル）になるように水を加え、三〜四日間二五度C前後に置くと、「はなもと」が一升ほどになる（発酵が不良なときはパン酵母を小さじで一杯ほど加える）。

あとはこれに白米一キログラム分のコウジ（約一升）と白米三キログラム（約二升）の放冷した蒸し米、水五・六リットルを加えて発酵させれば出来上りである。およそ一〇リットルのドブロクになる。

この他に玄米を口の中でよく噛みくだき、カメの中に吐きだし、少量の水を加え、炉端で数日あため発酵したものをモトとして使うという方法もあるそうだが、これなどまさに古代の「口噛みの酒」で「かみモト」とでも名付けるべきであろうか。

最新のモト育成法と本仕込み

さて私達のドブロクつくりはこうした伝統の方法にもう少し現代酒学の成果をとり入れなければならない。

それにはまず、ドブロクのための優れた酵母を充分に培養し、手持ちしておかなければならない。ホビイ産業のひとつのにない手として、欧米でワインやミードやビールの手造りが繁栄しているのも、優れた培養酵母が簡単に入手出来るからである。日本の現状ではそれが不可能である。だからこそ、自分でそれを育てなければならないのだ。なにしろ、「酒をつくる生物」酵母を系統的に準備し、これを育て、この手造りの培養酵母で酒つくりを行わぬ限り、ドブロクつくりは不安定なものとなる。

そのためには「私の酵母」つくりのテクニック（六六ページ）で述べた方法で、ドブロクむけ（ひいては清酒むけ）の酵母を分離し、培養し、手持ちしておかなければならない。冬になると酒造家の新鮮な酒粕が新粕として出廻るから、この**新粕から清酒酵母を分離**しておこう。

次は現代酒学の成果である最新の酒母育成法に学ぶことである。

このために私は家庭用のお燗器・カンペットを愛用している。白米一〇〇グラムをよく洗い、浸漬し、蒸し上げる。一方、カンペットには水二四〇ミリリットルを入れ、温度が五五〜六〇度Cになるように温度調節しておく。蒸し終えた白米とコウジ六〇グラムをこの中に投入し、カンペットのキャップをして一二時間ほど糖化を行う。よく糖化が進んでいると、液はさらさらしてくる。カンペットの中の糖化液を、よく洗った七二〇ミリリットルのびん（四合びん）に移しかえる。米粒もコウジ粒も全部、移しかえる。

第42図　お燗器・カンペット

ここで二つの道にわかれる。一つは乳酸菌を用いた乳酸発酵の道であり、もう一つは醸造用薬品の乳酸を添加する乳酸速醸の道である。

前者は**高温糖化・乳酸発酵酛方式**と名付けよう。最近はデパートの健康食品売場、乳製品売場などで、ブルガリア・ヨーグルトの種菌が販売されるようになった。七二〇ミリリットルびん（四合びん）の中身の温度が四二

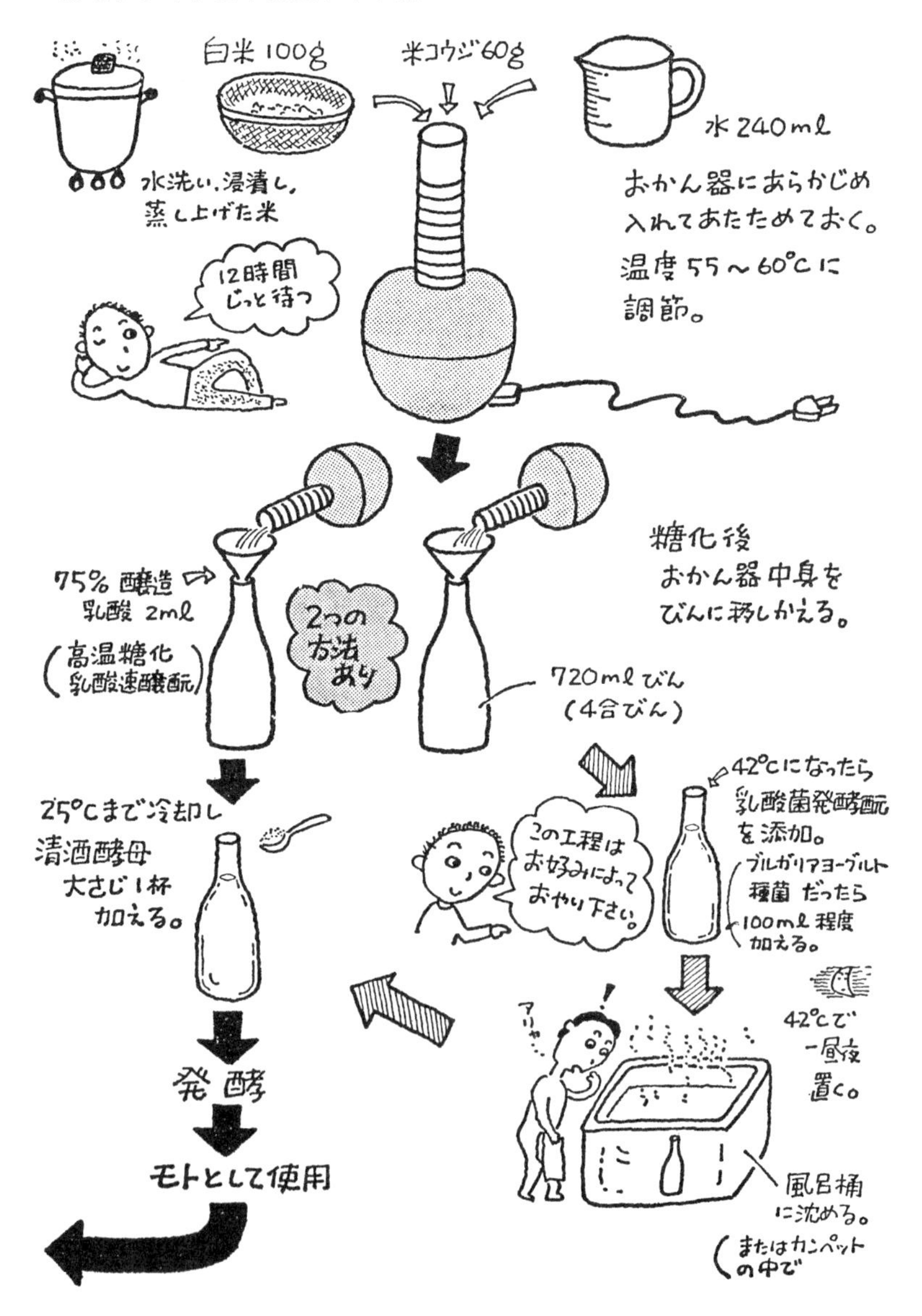
用モトつくりと本仕込みの手順
白米 100g
米コウジ 60g
水 240ml
水洗い、浸漬し、蒸し上げた米
おかん器にあらかじめ入れてあたためておく。
温度55〜60°Cに調節。
12時間じっと待つ
糖化後おかん器中身をびんに移しかえる。
75% 醸造乳酸 2ml
(高温糖化乳酸速醸酛)
2つの方法あり
720mlびん(4合びん)
42°Cになったら乳酸菌発酵酛を添加。
ブルガリアヨーグルト種菌だったら100ml程度加える。
この工程はお好みによっておやり下さい。
25°Cまで冷却し清酒酵母大さじ1杯加える。
発酵
モトとして使用
42°Cで一昼夜置く。
アリャ…
風呂桶に沈める。
(またはカンペットの中で)

第43図　最新法によるドブロク

度Cに冷えたら、この種菌一包を加え、一昼夜、四二度C前後に保つ。私は七二〇ミリリットルのネジキャップのびんを使い、種菌を加えたら、ただちにネジキャップをきつく締め、風呂の中に沈めておくことにしている。風呂の温度は四二度C前後で比較的さめにくいので、翌日までそのままにしておくことで目的を達している。温度が自由に変えられるお燗器ならば、お燗器だけで、糖化と乳酸発酵の二工程を終了させることが出来る。この間に乳酸菌が繁殖し、糖分の一部を乳酸に変えるので、酸味が生じ、糖化液は甘ずっぱいものとなる。ここで糖化液を二五度C付近まで冷やし、分離して冷蔵庫に保存してある清酒酵母を大さじ一杯ほど加えてやる。数日で発酵するから、これをモトとして使用するのである。

後者の醸造用乳酸を使用する方法は次のとおりである。これは**高温速醸酛方式**と名付けることにしよう。カンペットの中身をびんに移したならば、ただちに七五％醸造用乳酸二ミリリットルを加え、びんを振ってよくまぜたのち、びんを水につけ、中身の温度を二五度C程度まで冷却する。そこへ分離して冷蔵庫に保存しておいた酵母を大さじ一杯ほど加えてやる。数日で発酵するから、これをモトとして使用するのである。

両者とも、「くされモト」「はなモト」とは比較にならぬくらい洗練されたものとなっている。これこそ、アマからプロの域に達したモトである。さあ、いよいよ本仕込み出発進行である。

「高温糖化・乳酸発酵酛」または「高温速醸酛」を一〇リットル程度のフタつきポリ容器に入れ、

水三・二リットルとコウジ六〇〇グラム（冷蔵してあるもの）を加える。この間、白米一・七キログラムを洗い、浸漬、水切り、蒸したのち放冷し、この中に加える。毎日一回ほど、しゃもじなどで攪拌してやる。一週間ほどで素晴らしいドブロクとなる。

▨マッカリ（朝鮮の民族酒）はドブロクの手直しで出来る

私達日本の隣国・大韓民国、そして朝鮮民主主義人民共和国にはマッカリという民族酒がある。最近、慢性的な米不足に悩む韓国では小麦粉でマッカリをつくるが、本来は米でつくるにごり酒で、日本のドブロクの兄弟のようなものであった。

ただ、コウジが日本のものとタイプがちがうので、ちょっと風味はことなるが、私たちのドブロクをほんのちょっと手直しするとマッカリ風ドブロクを楽しむことが出来る。

マッカリは日本のドブロクよりも酸味が強く、そしてアルコール分は低く、六％前後である。これはマッカリの場合、最後に水を加えながら荒ごししてゆくからである。

そこで発酵をほとんど終了したドブロク一リットルに水一リットルと醸造用乳酸二～三ミリリットルを加え、ザルを使って、しゃもじで、米粒、コウジ粒をすりつぶすようにしながら荒ごしすれば、マッカリ風ドブロクの出来上りである。

冷蔵庫でよく冷やして飲むと、既製品のビールなどよりはるかにフレッシュで香気高く美味しい夏の飲物となる。また、ブルコギなど朝鮮焼肉をたべるときはマッカリが最高のものとなる。

▨質問に答える

【質問1】 ドブロクの発酵は春・秋、夏、冬によってちがうようです。特別の温度管理をしないで、それぞれの季節で完成までどのくらいみたらよいでしょうか。地方によってもちがうと思いますが、関東を基準にお答えください。また置き場所はどのようなところがよいのでしょうか。

【お答え】 蒸し米と米コウジと水の混合物をドブロクに変えてゆくのは「酒をつくる生物」・酵母です。したがって、すぐれた酵母が旺盛に増殖しているか、いないかで条件は全くちがってきます。酵母が旺盛に増殖しているものとして言いますと、関東地方あたりで、夏で七日、冬で二週間ぐらいというところでしょう。置き場所は冷暗所で、昼夜の温度変化の少ない場所がよいでしょう。

【質問2】 私の場合、すぐ酸っぱくなってしまいました（秋で五日目、イーストは使わず）。およそどのような原因が考えられますか。今後手直しはできるでしょうか。焼酎にすればよいとも聞きますが、いかがなものでしょうか。

また、酸っぱくなったものを置いておいたら、また酸っぱみがなくなってよいドブロクになったという人もいます。どのようなことが起ったのでしょうか。

【お答え】 酸っぱくなるのは乳酸菌が繁殖し、ブドウ糖の一部を乳酸に変えているからです。直したければ、炭酸カルシュウムで、生酸された乳酸を中和してやればよいのです。おだやかな酸味になるまで炭酸カルシュウムを加えます。炭酸カルシュウムは食品添加物販売店や薬局で買えます。焼酎に蒸留するのも一法です。

最後のご質問ですが、理想的に言えばドブロクはまず甘酸っぱくなり（糖化と同時にブドウ糖のごく一部が乳酸菌によって乳酸にかわった状態）、それから、酵母によるアルコール発酵が始まるほうがよいのです。このような順序でドブロクが出来ると素人の方は酸っぱくなったものが酸っぱくなくなって、よいドブロクになったと表現するようです。

本職の清酒つくりでは、乳酸菌で充分に乳酸をださせてから、次にこの甘酸っぱい中で酵母を育て、それをモトにして、モロミをつくってゆきます。これを考えてみても、おわかりと思います。

【質問3】　仕込んだらすぐに、蒸し米が水をすってふくれ上がり、表面に水は全然なくなりますが、これでよいのですか。また、かきまぜなくてもよいのですか。仕込み後五日たっても（イーストを使わず、冬の場合）甘さはありますが、まだドロドロ（かたい雑炊のかんじ）しています。これでよいですか。

かきまぜる回数について教えてください。

また、甘酒のうちに子どもがよろこんで飲んでしまったという話を聞きますが、さしつかえないですか。

【お答え】 表面に水が全然なくなるというのは蒸し米、米コウジが水を吸った状態です。糖化がすすめばドロドロになってきます。

仕込みの順序はまず水をはかって容器に入れ、この中に米コウジを入れてから（本職の杜氏たちはこれを水コウジ（ミズ）といいます）、蒸し上げて放冷した米をさらにこの容器に投入し、よくかきまぜればよいのです。そこで蒸し米が水を吸ってふくれ上ります。これ以上、その日はかきまぜる必要はありません。本職の酒つくりでは「カイでつぶすな、コウジでとかせ」という言葉があります。

仕込み後、五日たってもドロドロしているということは発酵がおくれている証拠です。炭酸ガスの泡を盛んにだしているようでなければいけません。憶することなく、**イーストを加えなさい**。神だのみよりもイーストです。

かきまぜる回数は一日一回で充分です。

甘酒のうちに子供がよろこんで飲むことは一向さしつかえありません。乳酸菌による乳酸のほどよい酸味があって、カルピスのようなおいしさがあります。また、これは酵素の宝庫のようなもので、乳酸菌も生きている素晴らしい健康飲料です。ヘンな乳酸菌製剤や錠剤より、よほどましです。

【質問4】 市販のコウジを使ってドブロクをつくりたいのですが、コウジの重量と容量の関係、また売っている単位などさまざまです。どのように考えたらよいですか。

【お答え】 市販のコウジは儲かるように、たっぷりと水をふくませ、膨化させてあります。一応、三〇％の水分を含んでいるものと考えてください。一キログラムの白米から一・三キログラムの米コウジが出来ているものと考えてください（自家製では二〇％増し程度です）。市販のコウジ一升は一・四キログラム程度と思います。

またスーパーなどでパック詰で売っているものは二〇〇グラム入りのものが多いようです。これは、半乾燥コウジとも言うべきもので、右の出来たてのものより水分が少なくなっています。活力も出来たてのものより劣ると考えてよいでしょう。仕込みのときはその分増量してやる（二〇～三〇％）とよいでしょう。

【質問5】　よく出来たドブロクを使えば、次の醸造のときモトつくりは省略できますか。その場合、オリ（滓）、上澄みなど、どの部分を用いるのがよいですか。

【お答え】　出来ます、出来ます。こんな質問をなさるようでは、私のこの本をしっかり読んでいない証拠です。よく出来たドブロクはよく出来たモトと考えてください。くされモトもはなモトもやる必要はありません。よく出来たドブロクは全部飲んでしまわず、必ず小びんに入れて冷蔵庫に保存し、これをタネとして（モトとして）使うべきです。上澄みより、オリの部分の方がよいのは当然です。私のこの本をもう一度よく読んでください。

【質問6】　秋につくってよく出来たドブロクは、冷蔵庫に入れなくても、冬中酸っぱくならないですか。また三月に出来たものはどのくらいもちますか。

【お答え】 よく出来たドブロクはアルコールの生成がよいのでくさりにくいのですが、冬でも冷蔵庫に入れておくほうが安全です。どのくらいもつかは現物を見ないとわかりません。たとえ、くさらなくとも、ドブロクの中で酵素作用は進行していますから、ドブロクのよさを失ってきます。これは冷蔵することである程度防ぐことが出来ます。ともあれ、ドブロクは長持ちさせる酒ではありません。フレッシュさが身上です。あまり一度につくりすぎぬことです。

【質問7】 一度酸っぱくなってしまったドブロクの容器を使うとまた失敗しやすいと言われますが本当でしょうか。

【お答え】 充分に殺菌すれば大丈夫です。洗剤などで、よく洗い、熱湯をかけて洗い、よく水切りし、乾燥させてから使います。

【質問8】 米はふつうの米でよいですか（モチ米、玄米はどうですか）。水は水道水でよいですか（汲みおきしないでもよいですか）。

【お答え】 米はウルチの白米（普通の飯米）を使うのが普通ですが、モチ米でも出来ます。中国の黄酒（ホワンジュ）はモチ米を使います。玄米は蒸しにくいので、砕いてから蒸せば、玄米ドブロクになります。水は水道水で充分です。水道水中のカルキは殺菌作用がありますから、汲みおきしてカルキをとばしてから使う方がよいでしょうが、丈夫な、よいモトが出来ていれば、特に汲みおきの必要はありません。

【質問9】　フタは、ほこりをふせぐためのものと考え、密封しないかぎり（空気が通れば）どのようなものでもよいのですか（新聞紙でも、フタつき容器でも）。

【お答え】　ドブロクモロミの表面は空気にふれない方がよいのです。したがって発生した炭酸ガスが逃げないようにある程度、密閉した方が好気性の有害菌の侵入繁殖を防げます。

ポリエチレンシート、ビニールシートなどは密封度がよいので便利です。新聞紙はミジメったらしいからやめましょう。私はフタつきのポリ容器をおすすめしています。木のタルは洗浄が不完全になりやすいのでなるべく使わないほうがよいでしょう。フタつきの陶器がめはいかにもドブロクにむいています。たのしい容器です。

【質問10】　容器の消毒はどのくらい神経を使えばよいですか。合成洗剤など使ってもよいですか。熱湯消毒は不可欠ですか。

【お答え】　強健な酵母が育成されてさえいれば、あまり容器の殺菌消毒に気をつかうことはありません。日常の食器洗い、水切り程度の気のつかいようで充分です。合成洗剤も結構です。これを使うか使わぬかはあなたの思想の問題です。

【質問11】　ドブロクは便秘の妙薬だと聞きましたが、ほんとうでしょうか。その他ドブロクは身体にいいものでしょうか。反対に有害物質が入っているという説もありますが、いかがでしょうか。

【お答え】　その通りです。酵母が活性を保って元気よく活躍しているからです。よく出来たドブロクを飲みますと、オナラがよく出ます。そして便通がよくなります。エビオスというビール酵母製剤もあるくらい、酵母は身体にいいものです。有害物質など絶対に入っていません。もし入っているとしたら、米に使われる農薬ぐらいなもの。ゴハンに炊いて、日常たべているくらいですから、これも大丈夫でしょう。

第四章　ドブロクから清酒へ

清酒は段仕込み

ドブロクをつくってみるとわかることだが、発酵がうまくゆき、アルコール分が高くなると粕が底に沈み、上澄みが生じやすくなる。

この上澄みの酒から、さらに一歩すすんで、モロミを袋に入れてしぼり、まず粕を取りわけ、次に生じたオリを分離して透明な酒―清酒がつくられるようになった。

私達の酒つくりも、かくして、ドブロクから清酒に進む。

ドブロクから清酒に進む過程でコメのみがきも次第に向上した。玄米だけでつくる酒から一歩進んで、コウジは玄米で、蒸し米はよく搗(つ)いた米を使う酒が片白(かたはく)、そしてさらにコウジも白米でつくる諸(もろ)白(はく)となって酒は飛躍的に美味となった。

このような進展は江戸中期から始まり、日本の清酒は「くさりにくく、より透明でより濃厚な」酒質を身につけ、ひたすら商品化の道を歩んでいった。

より濃厚で、より高いアルコール分の清酒をつくるにはどうしたらよいか。それは丈夫なモトをつくり、これに何回にもわけて、蒸し米、コウジ、水を加えてゆけばよい。これが清酒の段仕込みだ。モトが仕上ったところで、これに蒸し米、コウジ、水を加える工程を「仕込み」または「添え(そ)」という。通常、三回に分けて行うので清酒の三段仕込みと呼ばれるのだ。

モトに対し、最初に行う添えが初添え(はつぞ)。翌日は添えを休む。これはモトの清酒酵母を元気づけるための休日の意味がある。酒造用語では踊り(おど)という。けだし、休みの日は踊りでもやってのんびりしようという意味か。二度目の添えは初添えの日から数えて三日目となり、仲添え(なかぞ)と呼ばれ、最後の添えは仲添えの翌日、初添えから四日目に行われる留添え(とめぞ)である。

こうして出来上ったものがモロミでモトの一五倍ほどの量となる。酒造職人たちは添えのたびごとに櫂(かい)入れをして「仕込み唄」を唄うのがならわしだった。モロミはやがて果実のような芳香をはなって発酵し、泡立ちはじめ、モロミの中では糖化とアルコール化が同時進行し、およそ二〇日間つづく。これが日本の清酒の誇る「併行複発酵」である。

この醸造学の用語をわかりやすく、ひとくちで説明するのはむずかしい。コウジによる蒸し米の糖化と清酒酵母のアルコール発酵の二つの作用を併行して進めさせ、そのひとつひとつをコントロールしてゆくむずかしいテクニックである。

美酒をつくりだすのに熟練した酒造職人の長(おさ)・杜氏(とうじ)の名人芸が必要なのは、この併行複発酵が「勘」にたよる点が非常に多いからである。

君は今、この高度の技法にいどもうとしているのだ。それに今の日本ではドブロクつくりですら迫力があるのだから、清酒にすすめばさらに迫力があろうというものだ。頑張って欲しい。

▨君も清酒つくりの杜氏となった

素人の清酒つくりで一番問題なのは原料となる白米の精白度である。私達が炊いて食べる白米はせいぜい九分搗き程度(玄米から九%前後の糠(ぬか)が除かれる)のもの、これ以上精白しても美味しくはない。一方、清酒に用いられる白米はこんなものではない。米糠は勿論、胚芽や外側に含まれる脂肪や蛋白質などは淡麗な酒質の現代酒には全く不要なもの。

そこで、食べる米より、さらに一層高い精白度にみがき上げる。素人の清酒つくりではそんな高精白米はカネやタイコで探し廻っても入手は不能。ここはあきらめが肝心である。飯米用の白米で独自の清酒をつくり上げよう。

清酒つくりの手順　ここまで酒つくりの教程を学んできた諸君にとって、清酒つくりは、もはやむずかしいものではないはずだ。以下、第10表の番号にしたがって説明することにしよう。

第10表　清酒仕込み配合の一例

	モ ト	モ ロ ミ			計
		初添え	仲添え	留添え	
蒸し米（g）	100	210	460	730	1,500
コウジ米（g）	50	90	140	220	500
汲み水（ml）	240	300	720	1,340	2,600
仕込みの手順	① モトつくり	② 初添え	③ 仲添え	④ 留添え	⑤ 発酵からしぼりまで

＊仕込みの手順は番号順に本文参照。蒸し米，コウジ米はすべて最初の白米量で表わしてある。

＊上記のモロミ量は 4,500 ml 程度になる。清酒は発酵の状況，圧搾のよしあしでことなるが，4,000 ml（約2升5合）程度得られ，アルコール分は18％前後である。

①のモトつくりは前章のドブロクの酒母（モト）つくり（二〇六ページ以下）を参考にしてつくればよい。コウジ米の五〇グラムは前記ドブロクの項ではコウジ六〇グラムとして書いてあるから同じ量である。

②は初添えである。白米二一〇グラムを常法で蒸し、このあいだにコウジ米九〇グラム分のコウジ（コウジは最初の白米の二〇％増しで、コウジをはかってもよい。すなわち、出来上りコウジでは90×1.2で一〇八グラムをはかればよい）と水三〇〇ミリリットルを、①を入れた仕込みタンク（一〇リットル程度のふたつきポリ容器が便利）の中に加えておく。最後に放冷した蒸し米（白米二一〇グラム分）を入れる。全体をかきまぜる。仕込み終了後の品温は二五度Cぐらいにきまればよい。

②を行った翌日は踊りである。仕込みを休み、**③はその翌日（初添の日からかぞえて三日目）に行う**。まず、白米四六〇グラムを蒸す。そのあいだにコウジ米一四〇グラム

分のコウジ（140×1.2、一六八グラム）と水七二〇ミリリットルを加えておき、最後に放冷した蒸し米を加え、よくかきまぜる。仕込み終了後の品温は二〇度C程度にきまればよい。

④は留添え、仕込みの手順はすべて③と同じで、**仲添えの翌日、初添えの日からかぞえて四日目に行う。**仕込み終了後のモロミの品温は一五度Cぐらいが適当である。すなわち、②、③、④の順に仕込み温度を次第に下げてゆくのである。さあ、これで四日間にわたった仕込みは終了した。容器の内壁に付着したモロミ、米粒などを清潔な布でていねいにふきとる。あとは毎日一回、ふたをとって、しゃもじで、ざっとかきまぜる。

数日を経ずして、モロミは全面泡におおわれ、これが一週間以上つづく。モロミの品温も次第に上昇してくる。あまり品温が上昇すると酒質も悪くなるので品温は二〇度C程度にコントロールする。特に夏季の仕込みではこの品温調節が必要である。このためにはネジキャップのびんに八分目ほど水を入れ、冷蔵庫のフリーザーで凍結させ（水を一杯に入れると、氷の膨張でびんが割れるので注意）たものをつくり、これを冷却器として用いるのである。モロミの品温が上ったら、このびんをモロミの中に入れて、かきまわしながら、モロミの品温をひやしてやればよい。②、③、④の仕込みのときも仕込み終了温度はこの簡便冷却器で調節すればよい。

泡の発生が次第に静まり、アルコール分が一八〜一九％に達すると、モロミの発酵も完了である。ここで、適当な容器にザルをのせて、清潔に洗いさらした布をかぶせ、その上から、発酵を完了した

第44図　手製のモロミしぼり器

モロミを流し入れる。最初のうちは自然流下にまかせ、最後は布で粕をつつみ、軽い重石を乗せ、静かに圧搾する。酒液はびんに入れて冷蔵するとさらにオリがびん底に沈澱してくるので、これをとりわけて出来上りである。

このしぼりを道具でやろうと第44図のような装置を考案作成した人もいる。昔、焼酎を自家製したことがある人なら、同種の道具をつかっていもドブロクをしぼったことがあるにちがいない。たくさんつくろうという人は是非製作して欲しいものだ。

この自家製酒粕はしぼりは悪いが、まことに上等なものである。甘酒に、酒だねパンに、魚、肉、野菜の粕漬に大いに活用していただきたい。魚、魚卵、肉などはガーゼに包んで、この粕の中に数日、漬け込んでおくと、しみじみと美味しい本物の粕漬の味を満喫出来ることうけあいである。

▨手造り清酒に栄光あれ!

手造り清酒は手前味噌に徹しなければならない。その上で、手造りの酒の自己主張をしようではないか。どんなに頑張っても、ご飯に炊いて食べる白米を使っての酒つくりは、選びぬかれた米を徹底的にみがき上げ、専門の酒造職人、杜氏さん達が心血をそそいでつくりあげた酒に比較すべくもないであろう。あらゆる伝統産業がそうであるように所詮、素人は素人である。玄人の洗練された技芸にかなうはずもないのである。

しかし、これだけは胸をはって欲しい。君が心をこめてつくり上げた清酒にはうそいつわりも、ごまかしもないということを――。

純米清酒という言葉がある。妙な言葉である。本来が米だけ（蒸し米と米コウジと水だけ）でつくられるのが当然の清酒に、純米という名が冠せられ、まるで「馬から落ちて落馬して」と同じ語法の純米清酒という言葉をつかわなければ本物の清酒を区別出来ない昨今である。

純米清酒は今日、私達が消費する清酒全体のわずか二%にも達しない。残りはアルコールと水を加えて増量したもの、アルコールで増量し過ぎて薄辛くなったところをブドウ糖や水飴で甘さを補ったような清酒ばかりである。

しかも、今や私達日本人の飲む清酒の一〇本のうち四本はナショナルブランドと呼ばれる一一銘柄、すなわち「月桂冠」「白鶴」「日本盛」「大関」「白雪」「黄桜」「松竹梅」「菊正宗」「白鹿」「沢の鶴」「剣菱」で占められる。

このような銘柄で代表される大量生産方式の清酒は米不足が完全に解消した今日でも、米不足時代と全くかわりないシステムで清酒生産をつづけている。

すなわち、極量のアルコールとゆるされる限りのブドウ糖、水飴を使って清酒を生産し、多数の下請けの酒造家を擁して、彼等に同じような清酒をつくらせ、これらをそっくりオケ買いし、自社生産の酒にブレンドする。しかも、これらの清酒は「キロキロ」とささやかれる大量の活性炭素によって水のように脱色されている。一キロリットルの清酒に一キログラムをこえる過量の炭素を使うから「キロキロ」である。

こうして生産された清酒を国税当局の形式化した品質審査にパスさせて、特級、一級という、あたかも上級、高級を思わせるイメージの清酒に衣替えさせて、オマケつきで全国的にバラまくからナショナルブランドなのだ。まさに高い税金だけを飲まされるような酒である。

さらに、このような大量生産型の清酒は箱の酒だ、カップだ、桝(ます)だと包装容器の目新しさだけにうつつを抜かし、広告、リベート、オマケで販売シェアをのばすことだけに狂奔している。まさに広告料だけを飲まされているような酒ばかりである。

それだからこそ、精白度が飯米なみに低くとも、米だけで真面目につくられる私達の清酒が光るのだ。

魔性の粉・活性炭素　これだけ言ったついでにもう少しつけ加えよう。それはさきに述べた「キロキロ」の活性炭素のことである。

活性炭素はフィルターつきタバコのフィルターの中にまじっている黒いつぶつぶの炭、冷蔵庫の脱臭に使われる炭と同じ性質を持つ吸着力の強い炭である。決して、レモンの防カビ剤などのように毒性のあるものではない。これを清酒中に投入してろ過すると清酒の色や雑味がとれる。だが、この活性炭素の使い過ぎで清酒はすっかり本来の美しい黄金色を失い、水の如く色白のものとなり、おまけに味も香りも吸いとられ、すっかり香味のやせたものにされてしまった。

極量のアルコールを使い、ブドウ糖や水飴で甘味をつけたような大量生産型の酒の矯正に「キロキロ」の炭素がつかわれると、これの過用で清酒は全く本来の滋味を失ってしまう。だが当事者たちはそれに気付かない。活性炭素は使いはじめるとやめられなくなる黒い魔性の粉である。

今や、日本全国、主婦や未成年にまで白い粉シャブと呼ばれる覚醒剤の汚染がひろがっているというが、市販清酒の世界も完全に黒シャブに汚染されている。

私たちの手造り清酒はこんな黒い魔性の粉・黒シャブにおかされることは永遠にないのである。清酒本来の美しい黄金色に輝いているのだ。そして、米だけの清酒である。誇りと自信を持とう。

こうしてつくられた私達の手造り清酒は手造りビールと同じように火入れの必要が全くない。冷蔵して、生酒(なまざけ)の旨さを満喫しよう。どうしても火入れをやりたいときはワインの章で述べた方法（一四八ページ）でやればよい。

清酒から老酒へ 手造りの清酒が上手に出来て、アルコール分が充分に出た辛口の酒となったときは火入れなどせずに、これを老酒(ラオチュウ)に成長させてみよう。

びんに詰め、高級ワインのようにコルク栓を打って、二、三年、常温で熟成させてみて欲しい。かの中国の詩聖たちを感動させた紹興の美酒ともみまがう老酒タイプの酒に成長することうけあいである。

まさに手造りの清酒は永遠である。手造りの清酒に栄光あれ！

蒸留酒・混製酒篇

第一章　火の酒を君の手で

火の酒の誕生

ヒトは「サケをつくるサル」である。蜂蜜、果実、穀物、そして牛や馬など家畜の乳まで、身のまわりにある食物で手あたり次第、酒をつくり、それに酔い痴れることを喜びとして今に到った。サケをつくるサルと酒との出会いは、果てしなく長い時の流れの彼方のことであった。そして、その出会いは「酒をつくる生物」・酵母の生命がつくりだす、アルコールの弱い発酵酒であった。

そして、サケをつくるサルはアルコールの弱い発酵酒だけとのつきあいを実に長い間続けたのである。神々の酒はミードであり、ワインであり、ビールであり、そしてドブロクであった。ところが今日の私達は、アルコールの弱い発酵酒だけとのつきあいではない。アルコールの強い焼酎やウィスキーやブランデーやウォツカやラムのような、さまざまな火の酒とのつきあいを深めている。

火の酒とは火をつければ青白い焰をあげて燃えるところから名付けられた。英語ではスピリッツである。これは「魂、精神」を意味するスピリットの複数形である。酒の魂のようなアルコール（酒精）を抜きだした酒だからスピリッツなのだ。

アルコールの強い酒を得るには蒸留の技法に頼るしかない。蒸留によって発酵酒の中から、酒の魂とも言えるアルコール（酒精）の部分を抜きだす以外にうまいてだてはない。だから蒸留酒なのだ。言いかえるなら、蒸留酒は酒をつくることではなく、蒸留という工学的技法で、酒の中から酒の本質的主成分であるアルコールをはじめとする揮発成分だけを抜きだすことなのだ。

水など液体を容器に入れ、下から熱を加えてやる。やがて液体は沸騰を始め、さかんに蒸気を出し始める。この蒸気をよそに逃さずに集め、冷却すると蒸気は露滴となって、したたり落ち始める。蒸留はこの現象の応用である。寒い日にしめ切った部屋で煮物などやっていると窓ガラスが曇り始め、ついには露となって流れ落ちる現象と同じである。

酒の中の酒精は水よりも沸点がはるかに低い（水の沸点は一〇〇度C、酒精は七八度C）から、水よりも先に蒸気となる。したがって蒸留によって濃度の高い酒精液が得られる。そして、もう一つ大切なことは、このとき不揮発成分をすべて除くことが出来る。だから蒸留酒には不揮発成分は含まれない。すなわち、エキス分はゼロである。

サケをつくるサルは、液体を蒸留する技法については大昔から知っていたと思われるのに、蒸留酒との出会いはきわめて新しい。発酵酒を古い友とすれば、蒸留酒はサケをつくるサルにとって、まことに新しい魔性の友であった。発酵酒、ことにミードやワインのような単発酵酒は、人間の歴史のごく初期からサケをつくるサルたちとのつきあいを始めた。一応これを数万年前からとしておこう。これに対して蒸留酒と人間との出会いは近々、四、五百年のことに過ぎない。すなわち、この蒸留酒が決定的に世界各地に定着したのは、コロンブスの新大陸発見（一四九二年）に始まる大航海時代のことである。

火の酒の蒸留技術はスペイン、フランス、イタリア、ポルトガルなどワイン産地ではブランデーを生み、アイルランド、スコットランドに入ってはウィスキーを生み、オランダやイングランドではジェネバやジンを生み、シルクロードの西端から東洋に向った技術はインド、東南アジア、中国とひろがり、アラックを生みだし、これが焼酒、米酒、白酒となって中国の蒸留酒を花開かせ、わが国に入っては焼酎となった。東欧からロシヤに入ったそれはウォツカとなった。さらに大航海時代には今まで酒の原料として考えられもしなかったような、全く新しいものまでも酒にするのに、この蒸留技術が役立ち、新しいタイプの酒を生みだした。例えば新大陸のカリブ海の島々では、サトウキビから砂糖をつくるときの副産物である廃糖蜜で、ラムと呼ばれる火の酒がつくりだされた。ブラジルのピンガは、サトウキビから直接つくり出されるスピリッツで、まさにサトウキビ焼酎と言うほうがふさわしい火の酒である。

新大陸のカナダやアメリカにはウィスキーの新産地が誕生した。殊にアメリカのバーボンウィスキーは、トウモロコシを原料とした新大陸ならではのウィスキーであった。

ジャガイモもサツマイモも、そしてトウモロコシもインディオ達が育て上げていた新大陸の作物であった。これらの作物が大航海時代にヨーロッパにもたらされ、さらに全世界に広まってゆき、新しく蒸留酒の原料として使われ、酒の品種をひろげることとなった。寒さに強いジャガイモはドイツから北欧にひろがり、ここでシュナップス、アクバビット、ウォツカなどの原料として広く使われるようになった。甘藷はスペインからスペインの植民地であったルソン島に伝えられ、ここから南支那に入り、沖縄を経て鹿児島に入り、サツマイモの名を得るまでになって、今では鹿児島の名産芋焼酎の原料としてなくてはならないものとなっている。火の酒はまさに世界をかけめぐったのである。そしてこの新しい魔性の酒は、アルコール中毒者をもふやしていった。

▨アランビック（蒸留装置）を組み立てよう

彗星のごとく現われ、欧亜両大陸にまたがる大帝国をつくりあげたアレクサンダー大王は各地に兵站基地的意味をもつ都市を建設し、自分の名にちなんで「アレクサンドリア」と名付けた。盛時にはアレクサンドリア都市は七〇ほどあったと言われ、これらの都市がギリシャ文明をオリエントに伝える拠点の役をはたしたことはよく知られている。

このアレクサンドリア都市の中でもっとも重要なものが、エジプトのナイル河支流カノポスの河口に創られた「アレクサンドリア」だった。ここは今でも、地中海貿易の要衝として繁栄している大都市である。

この都市でギリシャの自然科学は、古代エジプトの秘法と結合し、有名な錬金術（アルケミー）を生みだすこととなった。時まさにキリスト生誕のころのことである。アレクサンドリアで生れ育った文化はヘレニズムと呼ばれている。ヘレニズムとはオリエントの都市に花開いたギリシャ風の文化という意味で、この中で生長した錬金術は中世のヨーロッパや東南アジアの文化に底知れぬ大きな影響をあたえたが、アレクサンドリアの錬金術師（アルケミスト）たちは、この秘法探究の過程で銅製のアランビックを使い、これによって不老長寿の秘薬をつくり出そうとしたことはよく知られている。

第45図　現代のアランビック（蒸留装置）

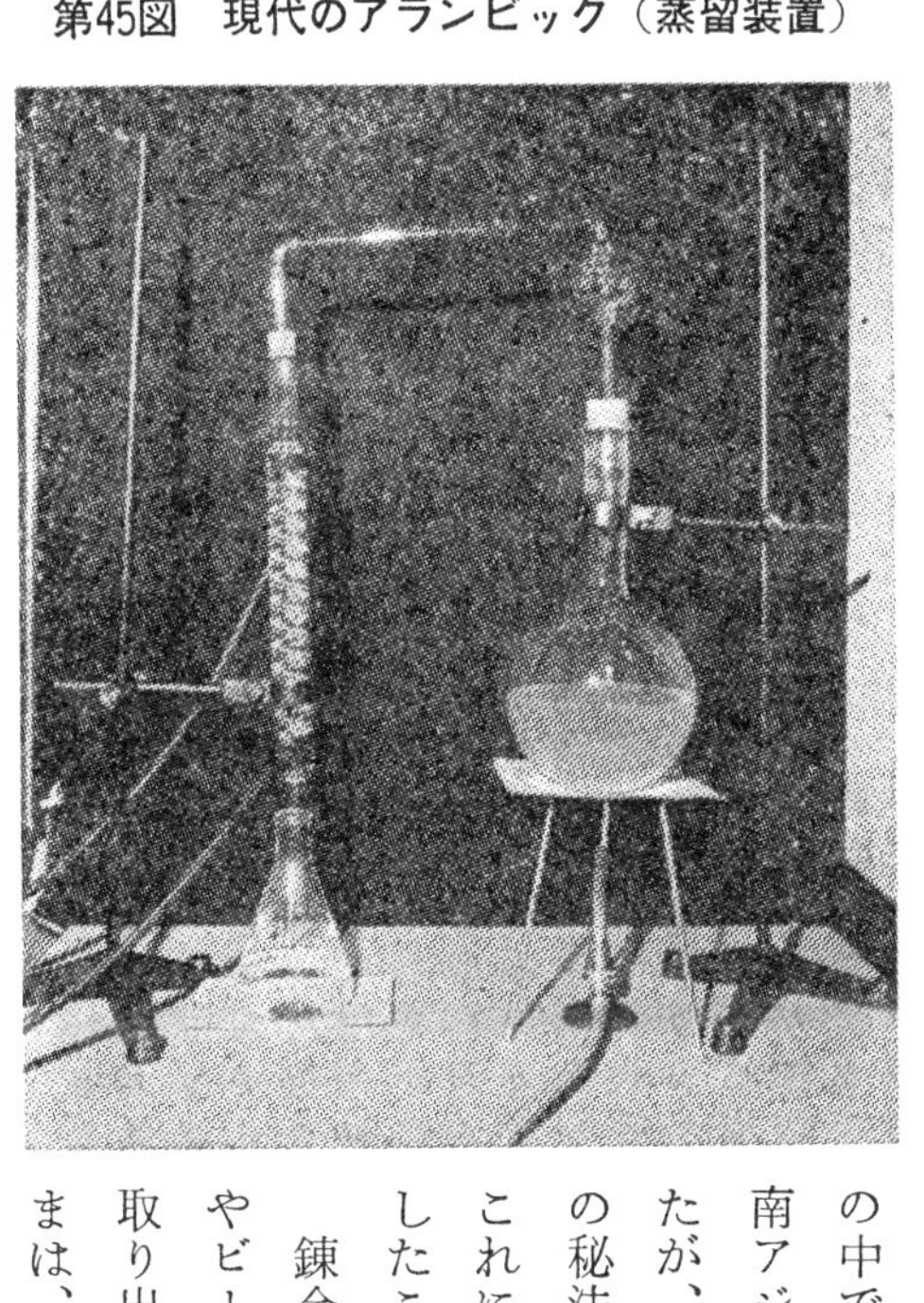

錬金術師たちはアランビックを用い、ワインやビールから、蒸留によって無色透明の液体を取り出した。それが青白い焔を上げて燃えるさまは、まさに酒の中の生命の水（アクア・ビテ）

第46図　アランビックの図解

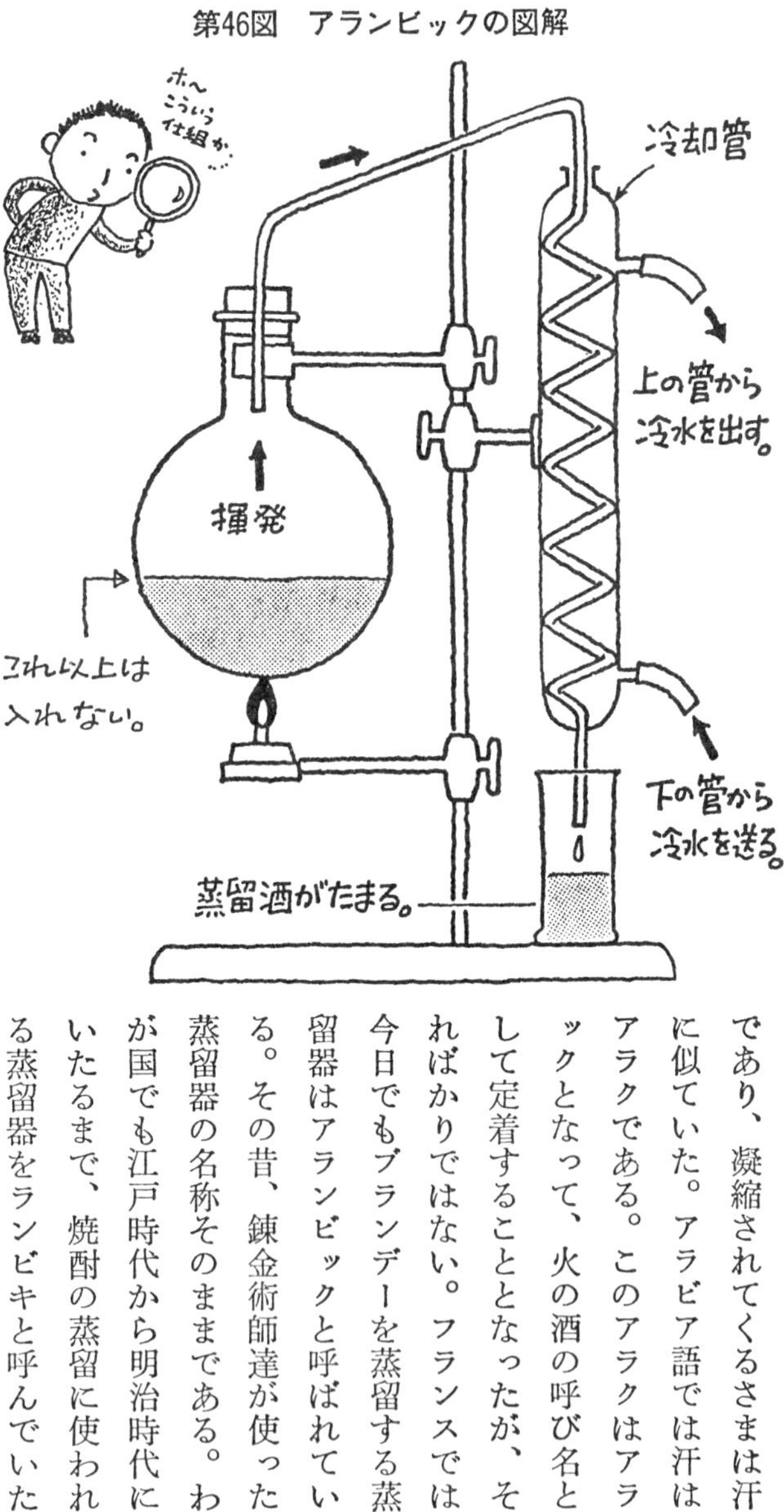

であり、凝縮されてくるさまは汗に似ていた。アラビア語では汗はアラクである。このアラクはアラックとなって、火の酒の呼び名として定着することとなったが、それればかりではない。フランスでは今日でもブランデーを蒸留する蒸留器はアランビックと呼ばれている。その昔、錬金術師達が使った蒸留器の名称そのままである。わが国でも江戸時代から明治時代にいたるまで、焼酎の蒸留に使われる蒸留器をランビキと呼んでいたが、これもアランビックに派生した呼び名であることに間違いはない。

このアランビックを組み立てない限り、私たちは蒸留酒を手に入れることは出来ない。と言っても銅でつくり上げるのは大変なことである。

第47図　圧力釜を使う手製の蒸留装置

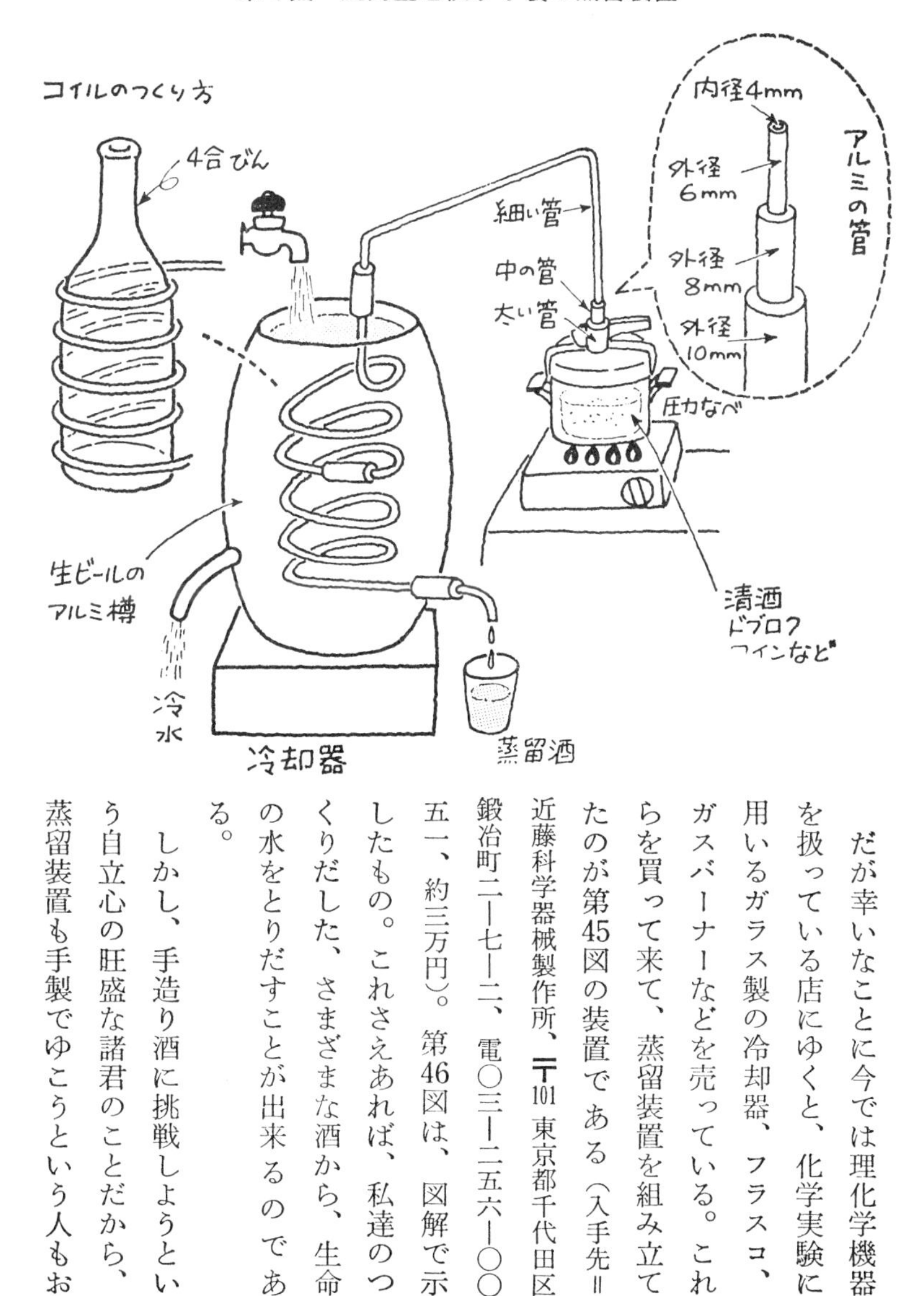

だが幸いなことに今では理化学機器を扱っている店にゆくと、化学実験に用いるガラス製の冷却器、フラスコ、ガスバーナーなどを売っている。これらを買って来て、蒸留装置を組み立てたのが第45図の装置である（入手先＝近藤科学器械製作所、〒101東京都千代田区鍛冶町二―七―二、電〇三―二五六―〇〇五一、約三万円）。第46図は、図解で示したもの。これさえあれば、私達のつくりだした、さまざまな酒から、生命の水をとりだすことが出来るのである。

しかし、手造り酒に挑戦しようという自立心の旺盛な諸君のことだから、蒸留装置も手製でゆこうという人もおられるだろう。第46図を参照すれば、蒸留装置の原理的なことはわかるはずだ。各自いろいろ工夫して欲しい。ここでは一つだけ、圧力釜を使った蒸留装置（第47図）を紹介しておこう（アルミパイプの入手先は、あぼ電気照明・東京店＝千代田区外神田一―一四―二、電話〇三―二五一―二六八五、名古屋店＝中区大須三―三〇―八六、電話〇五二―二六三―一六一六）。

この蒸留装置を持った日から君も錬金術師の一人となる。この現代のアランビックの活用法のヒントを次の項で述べることとしよう。

火の酒つくりのコツ

アルコールを含む液体があればアランビックですべて火の酒となる。これを大きく分類すると、果実の火の酒、穀物の火の酒、その他の火の酒の三グループになるだろう。その他の火の酒にはミードと乳酒のスピリッツが入る。

本書では牛乳や馬乳でつくる乳酒については全くふれていない。これは乳の中の乳糖（ラクトース）を発酵させる酵母が特殊なためである。通常の酵母には乳糖を発酵させる能力がないので、乳糖発酵性の酵母を探さなければならず、これは素人にはちょっと無理なことである。

だが、いい酵母さえ培養しておけば、これも簡単に酒になる。しかし、乳の中の糖分はあまりに低い（四〜五％）ので、アルコール分も二〜三％しか分ない。だが蒸留して火の酒とすれば、珍重すべきものとなることはうけあいである。

民族学者の梅棹忠夫氏によれば、モンゴル族は馬乳酒をチグー、牛乳酒をエーラグと呼び、これらを蒸留したものをエルヒと呼ぶそうだが、ヨーロッパではこれをモンゴリアン・アラックと呼んで珍重する。

私は一応、火の酒を①**焼酎**、②**ブランデー**、③**スピリッツ**の三グループに分けたいと思う。

焼酎は言うまでもなく私達日本人の民族の火の酒である。焼酎には他の火の酒とちがった大きな特色がある。それは多少の例外はあるが、火の酒として分類するのが不適当なほどアルコール分の低いものがほとんどであることだ（アルコール分二〇〜二五％のものが多い）。そして、必ずコウジが使われている。例えばコウジを使わなくても出来る奄美特産の黒糖焼酎にもコウジが使われている。これはコウジを使用しないとラムになってしまうからである。

したがって私は、廃糖蜜を原料とした原料アルコールを水でうすめてつくる焼酎甲類は、スピリッツに分類されるべきものと考える。

ブランデーは果実の酒を蒸留したものすべてが入るが、通常、ブランデーといえばブドウを原料としてつくられたワインの蒸留酒で、他のフルーツを原料としたときは、そのフルーツの名をブランデーに冠して区別するか、あるいは全然別の名で呼ばれる。例えばプラム・ブランデーがスリボビィッツといわれるような具合である。

種類とつくり方

蒸　留　法	備　　　　考
初留のみで30〜35%のアルコール濃度の蒸留液をとる。再留をやってもよい。やると味がきれいになる。 水でうすめ，蒸留。	飲用に際して20〜25%のアルコール分に下げる。むぎ焼酎の麦コウジ，蒸し麦は大麦の押麦を使って麦ドブロクをつくる。つくり方はドブロクに準ずる。サツマイモをふかし，米コウジで糖化し，いもドブロクをつくる。イモは水分が多いので，仕込み水は不要。焼酎のコウジは黒コウジを使いたいが種コウジが入手難。 こげつかさぬよう注意。
初留でアルコール分30%程度とし，この初留液をもう一度蒸留（再留）して，アルコール分を60%にする。	飲用に際し40%前後にうすめる。 ワインを用いたブランデー（ブドウ）ではタルに入れてねかせる必要がある（褐色になる)。カルバドスも同じ，あとのフルーツブランデーはいずれも無色透明でよい。この他にモモ，ビワ，カキ，ミカン，アンズなどを使っても面白いブランデーが出来る。
初留でアルコール分30%程度とし，この初留液をもう一度蒸留（再留）してアルコール分を60%にする。	ウィスキーの場合，第９表のストロング・エール程度のアルコール分のビールが適当。タル熟成が必要。 アクバビットでは再留のとき，初留液中にキャラウエーシード１%を添加し再留。 シュナップスでは初留液にジュニパーベリー(ねずの実）１%を添加し再留。 ドライジンではシュナップスと同じ。 ラムはタル熟成してもしなくてもよい（ダークラムおよびホワイトラム)。 ウォツカは再留液を白樺の炭をつめた筒（ヤシガラ炭―市販のキムコ脱臭剤の炭粒―で代用しても可）を流下させる。 スピリッツは飲用に際し40%前後にうすめる。

第11表　火の酒の

区分	火の酒の種類	蒸留する酒またはモロミ
焼酎	さけ焼酎	清　酒
	こめ焼酎	清酒モロミまたはドブロク
	むぎ焼酎	麦コウジと蒸し麦で麦ドブロクをつくる。
	いも焼酎	サツマイモと米コウジのいもドブロク
	黒糖焼酎	黒砂糖と米コウジ
	粕取焼酎	酒　粕
ブランデー	ブランデー	ワイン（ブドウ）
	キルシュワッサー	チェリー（さくらんぼ）のワイン
	ウイリアミン	洋梨（ペリー）のワイン
	フレーズ	草苺（ストロベリー）のワイン
	スリボビィッツ	プラム（西洋スモモ）のワイン
	マールブランデー（グラッパ）	ワイン（ブドウ）の粕
	アップルブランデー（カルバドス）	リンゴ（アップル）のワイン
スピリッツ	ウィスキー	ホップを使わないビール
	アクバビット	馬鈴薯とモルトでモロミをつくる。
	シュナップス	馬鈴薯とモルトでモロミをつくる。
	テキーラ	同上で代用（本物は竜舌蘭根茎）
	ドライジン	ウィスキー，アクバビット，シュナップスに同じ。
	ラ　ム	黒砂糖を発酵させる。
	ウォツカ	ウィスキー，アクバビット，シュナップスに同じ。
	ハニー・スピリッツ	ミード
	ミルク・スピリッツ	牛乳酒または馬乳酒

第48図　酒精計（アルコールメーター）

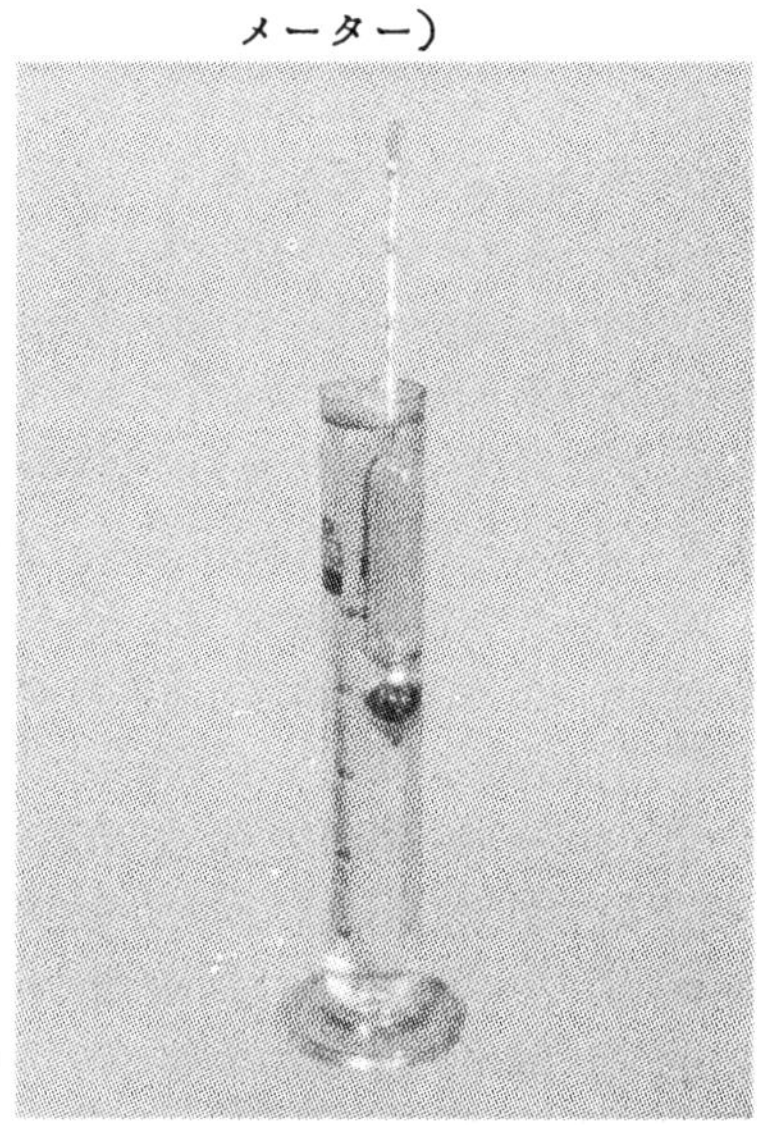

写真では蒸留液をメスシリンダーに入れて計っているが，直接蒸留液（15°C）の中に入れて計ってよい（入手先は237ページ参照）。

スピリッツにはその他のものがすべて入る。ウィスキー、ウォツカ、ラム、ジン、テキーラ等々である。**これらの作り方、蒸留法などは第11表にまとめたので、これを参照して欲しい。**

火の酒つくりのコツはまず**第一に、**蒸留釜（ここではガラス製フラスコ）の中に入れたモロミをこげつかさないことである。こげつくと蒸留液にコゲ臭がついて品質が極端に悪くなる。

第二に、蒸留されてくるアルコール蒸気の接する部分に、ゴムなどを一切使わぬことである。これはゴム臭など不快臭をつけぬためのおもんばかりである。

第三は、蒸留に使う火力の調節である。蒸留されて出てくる蒸留液の温度が高く、湯気をだしているようなときは、冷却管の冷却能力をこえている証拠だから、火力を弱めることが必要である。冷却管の留出口からしたたり落ちてくる蒸留液の温度をはかり、三〇度C以下となるよう火力をおさえる。

第四は、一番最初に出てくる蒸留液を、ほんの少しとりわけることである。最初に留出してくる液には、アルデヒドなど強烈な臭気のもとが集中しているからである。

蒸留液のアルコール分はこの中に酒精計を入れて測定する。蒸留液の場合は、直接に計れるから便利で、購入しておいても損がないだろう（第48図）。釜の中に入れる酒のアルコール分が一〇％であれば、留出する液を、その三分の一の量にとめれば（すなわち、三リットルの酒を蒸留して三分の一の一リットルにすれば）、アルコール分は三倍の三〇％になるのである。焼酎ではこの程度のアルコール分が適当である。また、初留、再留と二度蒸留するときは初留のアルコール分はやはり三〇％ほどにとどめ、再留でアルコール分を六〇％程度にする。蒸留液を取り過ぎると、品質が不良となって、再留する意味がなくなるからである。この程度のアルコール分に再留しておいてから、熟成後に、あるいは商品化するときに、四〇％前後のアルコール分にうすめるのが世界の火の酒のならわしである。

第二章　原酒を調合(コンパウンド)して市販品に差をつけよう

君よ憤怒の河を渡れ

梅雨あけとともに青梅が出廻り始めると、私達は青梅と氷砂糖を焼酎の中に漬け込んで梅酒をつくる。その頃になると焼酎メーカーは、「ホームリカーをつくりましょう」とつくり方の大宣伝を始める。ホームリカーというならまだいいほうで、これを果実酒と称して、果実酒つくりのコンサルタントと称するジイさんさえいるのだからあきれかえる。だが、こんなものは果実酒でもなんでもないのである。

もう先刻おわかりと思うが、酒つくりとは「酒をつくる生物」・酵母を育てて、アルコールを生みださせることだからである。酒の定義、原則にきびしい諸外国では、発酵によらぬ、こんな漬け込み式のものをワインなどと絶対に言わせない。もしも、そんな名をつけて売るメーカーがいたら、罰せられるし、社会的にもインチキメーカーと世の糾弾をうけるだろう。こんなものは決してフルーツワインではない、フルーツコーディアルという範ちゅうに属するリキュールの一種にすぎない。

蒸留酒が盛んにつくられるようになると、すぐさまこの蒸留酒に果物や薬草などを浸漬し、砂糖で甘味を加えたりした、もうひとつの酒がつくりだされるようになった。これらは蒸留酒をベースにしてもう一度酒がつくられるから、再製（再成）酒と呼ばれ、また、まぜあわせてつくられるから、混製（混成）酒とも呼ばれている。外国ではリキュールと名付けられている。

この種のものには、消費の直前にまぜあわせてつくりだされ、その場で飲みほされてしまうはかないものもある。それがカクテルである。酒というよりも飲酒のテクニックといった方がふさわしいものだ。

この新しい飲み方が、戦争に負けた日本にアメリカの兵士たちによって持ち込まれた。このカクテルに生れてはじめて接した酒役人の中には、カクテルをつくって売るバーテンダーをつかまえて「オイ。これは密造だゾ。君は酒をまぜあわせて全く新しい酒をつくりだしているのだゾ」などと言う手合もあったほどである。ウソではない。本当の話だ。というのは、ちゃんと「客の目前で消費の直前につくりだされるカクテルの類は新たに酒をつくりだしたことと見なさないこととして取扱うものとする」などとわかりにくい役人語で書かれた通達が国税庁から出されているくらいだから、連中はカクテルは酒の密造であるなどと鹿爪らしく議論したにちがいない。

そんなわけだから、焼酎に青梅と氷砂糖を加えてつくる梅酒などは、もう議論の余地のないほど立派な酒だったにちがいない。なにしろ、これはすでに述べたように蒸留酒からつくりだされる混製酒であり、再製酒であり、リキュールであることに間違いないからである。

消費の直前につくりだされるだけのカクテルよりは女子供でも美味しく飲めるものを、焼酎という非常に男臭い酒からつくりだし、つくりだめして年中楽しむという点では立派な酒つくりにちがいない。

だが、これだって別の観点に立てば絶対に酒ではない。少なくとも酒税法でいう酒ではない。なぜならば商品として流通することがないからであると私は信じている。

それなのに、この梅酒ですら昭和三十七年までは酒税法の過剰解釈、過剰適用で、おおっぴらにはつくれなかったのである。新しい酒をつくるということで「密造」だったからである。だから焼酎メーカーは、青梅の季節がやって来ても、じっと我慢の子で梅酒つくりを宣伝出来なかった。新聞も雑誌もオカミに協力して、つくり方など書きはしなかった。書けなかった。おせっかいな役人から文句がきて、いたくもない腹を探られるのもシャクだったから書けなかった。

この梅酒つくりについて、家庭でつくる分にはかまわないというオカミからのお達しが出たのは、なんとつい先頃の昭和三十七年のことなのである。だが、これも酒税法で規制されるものは商品として流通する酒類だけである、という根本的な見地に立っての決定では決してなかったのである。

その頃は戦争の時代も遠くなり、庶民のふところ具合もよくなり、車夫馬丁の酒的イメージを持つ焼酎甲類は急速に売れ行き不振をかこつようになっていた。焼酎甲類というのは原料アルコールを水でうすめるだけでつくりだされる。酒の原料そのもののような酒である。国産のウィスキーやブランデー、ジン、ウォツカなど、すべてこの焼酎甲類のもとである原料アルコールがあってこそつくれる酒である。なかには原料アルコールそのもののような酒もある。清酒の中にも大量にひそみ込んでいる。

だから、焼酎甲類の売れ行きが不振となれば、家庭の梅酒つくりの原料として、メーカー達が望みを託しても当然である。そこでメーカー達が、国税庁の役人の重い尻を叩いて家庭の梅酒つくり、果物の漬け込み用の原料酒として密造からはずさせたのである。それが昭和三十七年のことなのだ。

このとき、許されたのは梅をはじめとする一三種の果実、木の実だけだった。薬草でもなんでも漬け込んでよいとなったのは、何とつい最近の昭和四十六年五月のことである。

だが、今でもこれには例外がある。今でもブドウと麦、米を漬け込むことは出来ないのだ。やれば立派に「密造」になるのである。何故かおわかりか？

それはサントリーをはじめとする洋酒メーカーが甘味ブドウ酒（スイートワイン）なるものを売っているからである。それなら、梅酒をつくって売っているメーカーもいくつかある。薬草を漬け込んでつくった薬味酒を売っているメーカーもいくつかある。こちらがだめで、あちらはいいでは全く道理が通らない。

麦を漬け込んでいけないというのは、サントリーをはじめとする国産ウィスキーメーカーが、そんなやり方でウィスキーをつくっているからだと邪推したくもなる。そんな馬鹿ばかしいやり方でウィスキーがつくれるはずがないと思うが本当のことである。

同じように米も漬け込めない。こちらはみりん、白酒、本直しがあるからである。蒸したモチ米と米コウジを手造りの米焼酎に漬け込めば市販のまがいものよりはずっと純正なものが出来るのだから、禁止のわけがわからぬでもないが、麦が漬け込めないとは何たることか。麦を漬け込んだってウィスキーになるはずのないことはわかっているから、やってみようなどとは思わないが、なんとも腹立たしい限りである。

私達は憤怒の河を渡ろうではないか。こんなことを役人にやらせるメーカーの製品など、もはや、買う必要はないのである。自分でコンパウンドしよう。コンパウンドとは「調合する」ことを意味している。ウィスキーを、ブランデーを、みりんを、白酒を、本直しをコンパウンドしよう。憤怒の心をこめて――。

▨原酒でつくるウィスキー、ブランデー、本みりん

一級および二級のウィスキー、ブランデーから始めよう。わが国のウィスキー、ブランデーは模造から出発した。原料アルコールを水でうすめ、エッセンスで香味をつけ、着色料で色をつければ出来

上りである。現在は第12表に記したように原酒の混和率と製品のアルコール分で級別がきめられる。

まず、アルコール分六〇%のウィスキーまたはブランデーの原酒を用意する。すでに君は現代の錬金術師だから、こんなものはお手のもののはずである。麦芽だけでつくったビール（ホップを使わない）を蒸留すれば立派なモルトウィスキー原酒であり、ワインを蒸留すればそれだけで立派なブランデー原酒である。次に三五度焼酎甲類を近所の酒屋さんから仕入れてくる。例の梅酒つくりのあれである。すでに述べたようにこれは原料アルコールを水でうすめて、アルコール三五%にしたもの。南の産糖国の廃糖蜜を原料とし、アルコールメーカーが連続式蒸留機（コンティニアス・スチール）を用いて無臭のアルコールに仕上げたものである。こればかりは素人の酒つくりでは手も足も出ない。第12表の配合でコンパウンドするとこれでたちまち、一級または二級のウィスキーまたはブランデーが出来る。しかも、それぞれの級における原酒の混和率の上限ぎりぎりの上等品となる。一級ウィスキーについて言えば、これは数年前、オーシャンが大宣伝した反逆のウィスキーの混和率と同じである。反逆でこれぐらいだから、メーカーの国産ウィスキーなぞたかが知れている。一方、ブランデーの方は「ブランデー、水で割

第12表　ウィスキー，ブランデーコンパウンド表

	1級（上限）規格 アルコール分40%	2級（上限）規格 アルコール分37%
原酒（ml） （アルコール分60%）	200	110
35度焼酎甲類（ml）	800	890

国産ウィスキーの規格（%）

	特級	1級	2級
原酒混和率	30以上	27〜20	17〜10
製品アルコール分	43	42〜40	39〜37

第13表　みりん，白酒，本直しコンパウンド表

		調合のアドバイス
みりん	もちごめ　2.7kg コウジ米　0.5kg 35度さけ焼酎（こめ焼酎，粕取焼酎）　2l	白米0.5kgを常法でコウジにする。もち米2.7kg を水洗，浸漬し蒸し上げ，50°C前後にさましコウジとともに焼酎の中に入れ密閉し，6ヶ月以上，糖化熟成させ，粕をとりわける。
白　酒	みりん　500ml 白　米　450g	白米 450g を常法で蒸し上げさまし，みりん 500ml を加え，すりばちでよくすりつぶして出来上り。
本直し	みりん　200ml 25度焼酎　600ml	みりん200mlと25度焼酎600mlをまぜあわせる。

ったらアメリカン」と大はしゃぎのサントリーVSOはこの一級ブランデーである。こちらは「ブランデー、水で割ってもジャパニーズ」と正直に言って友達に飲ませてやることにしよう。ただ、このままではほとんど、ウィスキー、ブランデーらしき色調がない。そこは砂糖を小なべに少量とり、ほんの少し（しめる程度に）清酒を加えて、トロ火でかきまわしながら、じっくりとこがしてゆくと濃色になってくる。適当なところでお湯を加えるとカラメルが出来る。これで着色すればよい。メーカーはカラメルの専門メーカーから大量に買って使っている。

この他にフレーバーづけにはシェリー酒が使われる。本物のシェリーは高いが、ここは日本のメーカーがそうであるようにベイキングシェリー（ワインを六〇度Cほどの温度で数ケ月ベイキングしてつくる）で代用させよう。

火入れをした手造りワインをびんに詰め、風呂の湯の中に数ケ月ほおりっぱなしにしておく。あたためられたり、冷え

たりのくりかえしのうちにそれらしきものになる。これをほんの少々加えてやると、一、二級規格のウィスキー、ブランデーの香味が向上するのである。

みりん、白酒（しろざけ）**、本直し**（ほんなお）**し**についてはは第13表にまとめた。まず、みりんをつくり、それから、白酒と本直しにすすむ。可愛いわが娘のひな祭りは手造りの白酒で祝ったらどうだろう。考えただけでも楽しいではないか。本直しは別名やなぎかげ、充分に冷やして、夏の夕涼みに暑気よけに飲む、日本のリキュールである。古きよき日本を再現させるに充分である。

自由を我等に!――――*

一、消費者の基本的権利

すでに二〇年も前のことになるが、アメリカの故ケネディ大統領は「消費者の利益保護に関する教書」を議会に送り、その中で消費者の基本的権利を次の四項目に要約した。それは「安全である権利」「知らされる権利」「選択の権利」「意志が反映される権利」である。

ところで、日本のさまざまな商品をつぶさに分析して見ると、消費者の四つの基本的権利は、故ケネディ大統領が二〇年前に教書を発表した当時の状況とあまり変化しているとは思えない。殊に飲食品においては、この四つの基本的権利の守られているものは依然として非常に少ない。

殊にこの大統領教書で、「虚偽的、欺まん的、または事実を誤まらしめる表示、広告、宣伝などから保護され、また充分な選択を行うため必要とする知識が与えられるべき権利」であると詳しく説明されている「知らされる権利」が、実に薄弱である。

それというのも「商品としての食品」のみが、あまりに急速に巨大成長してしまったからである。今では、本来、家庭の主婦がつくる総菜までもが商品としてつくられる。そして、これに対する反省も生れてきた。

すなわち、商品を買うのではなく、自らつくる自由――インスタント食品ばやりの中でめざめた手造り食品、手造り料理の再発見がこれである。ところが、酒だけはそれがやれない。国が禁じているのだ。

いうまでもなく、わが国では酒を手造りすると酒税法違反で密造という犯罪となる。酒税免許を持たない一般の人が酒を勝手につくればつくっただけで「五年以下の懲役または五十万円以下の罰金」（酒税法第五十四条）である。つくってこれを自分で飲むばかりでなく、人に売ったりすれば、これにさらに無免許販売がかさなって「一年以下の懲役または二十万円以下の罰金」（酒税法第五十六条）が上乗せとなる。なにしろ、人のつくった密造酒を持っていたというだけで「一年以下の懲役または二十万円以下の罰金」である。すなわち、一般の人にとって酒はつくることも、持っていることも、売ることも出来ないものである。

しかし、酒を手造りすることは、破廉恥な罪をおかすことでも凶悪な犯罪をおかすことでもない。税務署のお役人が煙草一本もらうよりもはるかになんでもないことで、警察や税務署の役人が賭け麻雀をやるよりもはるかに何でもないことである。それを飲んだって別に覚醒剤や麻薬を飲んでいるわけでもない。それなのに酒をつくれば「密造」となる。したがって、わが国の密造はどんな罰則よりも最高にきびしい罰則だと私は思う。

それをわかっていただくために、酒つくりとセックスとをくらべる失礼をおゆるしいただこう。私達が夫婦のあいだで、あるいは恋人同士でひっそりとセックスを行っても決して罪にはならない（アタリマエのコトだ、公衆の面前でおおっぴらにやれば猥褻物陳列罪ぐらいにはなるだろうが）。

そのセックスの結果、可愛いベビーが生れれば大いばりで人に見せ、そして祝福をうける。なかにはわずかな少数例として、不倫のナントカやら、親がゆるさない結婚とか、不義密通のたぐいとかがある程度である。

一方、酒つくりの方は味噌、醬油、パンなどの家庭での手造りと同じように手造り料理の延長でありながら、セックスのようにはゆかない。酒の方はアルコール分が一％以上が発酵によって生じ、それが飲料である限り、もう、それだけでアウトである。

それは夫婦や恋人同士でひっそりとセックスしたり、その行為を自分でポラロイド写真にとって見て楽しんだって、その写真を人に売って儲けるような商品にしない限り、決して罪にならないのとまさに雲泥のちがいである。

そればかりではない。酒をつくろうとして器具や材料をそろえただけで罪になる（酒税法第五十六条第一項）。セックスで言えばフトンを敷いただけで立派に罪が成立するのだ。ましてや、こんなに旨い酒が出来たぞなどと人に見せたり、飲ませたりすることなど、もってのほかである。愛の結晶の可愛い赤ちゃんを人に見せたり、抱かせたりすることと比較していただきたい。

二、酒税法の「密造」条項は憲法違反

ことほど左様にきびしいから、酒税法は憲法第十三条の「すべて国民は個人として尊重される。生命、自由及び幸福追求に対する国民の権利については、公共の福祉に反しない限り、立法その他の国政の上で最大の尊重を必要とする」に違反すると言われるのである。

この問題がはっきり解決されぬかぎり、現行憲法は空洞化してしまうという危機感さえ、識者たちのあいだにはある。今は明治欽定憲法の時代ではない、主権在民の民主憲法の時代である。

では、この密造という、反憲法的な、きびしい前時代的な罰則は一体、いつ、どうして生れたのであろうか。それは明治時代中期までさかのぼる。

江戸時代まで、そして明治に入って今日の酒税制度の基礎がきまっても、農家のドブロクつくり、家庭の自家用酒つくりはごくあたりまえの生活行為であった。詳しいことは省くが、明治時代には国税収入の主柱として酒税は非常に重要な意味をもっていた。先進国に追いつけ追いこせと富国強兵をゴリおしした明治政府は、酒税収入でぼう大な軍備費をまかなった。そのため酒税の入らない農家の

自家醸造をそのままにしておくわけにはゆかなくなったのだ。

明治三十二年から、自家醸造は完全に禁止され、「密造」となって今日に到る。酒を飲みたい人は、酒税のついた酒だけを買って飲む以外に方法がないように環境整備をすることが、自家醸造の禁止、すなわち「密造」の罪を創設した目的であった。

またまたセックスとくらべることをお許しいただきたいが、密造とは恋人、夫婦のセックス、そして自慰までも法律で全面的に禁止して、政府が一方的に管理売春をする――政府おかかえの公娼とだけのセックスをみとめるようなものである。勿論、ちゃんと代価を払ってのセックスである。そして、このセックスの代金は公娼のふところに入るものの他に少なからぬものが娼家すなわち政府のふところに入る。これが酒税である。誇りたかき酒造家の皆さんを公娼にたとえて誠に申しわけないが、たとえて言えばこうなってしまうのはいたし方ないところである。このようなわけだから、自家醸造の禁止、すなわち密造は憲法第十三条に違反するという議論が出てきて当然である。

三、先進国では酒つくりはホビイ

「ドウイット・ユアセルフ」――日本語に訳せば「自分でつくりましょう」ということだ。低経済成長下の今日、第三次産業の大きな部分を占め、期待をかけられている成長産業が、この「ドウイット・ユアセルフ」のホビイ産業だ。アメリカでは日曜大工、日曜園芸、手芸、料理などが釣やスポーツ以上に注目されており、週休二日制や万事節約のムードが、これら産業の成長に拍車をかけている。このホビイ産業の中に日曜酒造が入る。ブリュー・イット・ユアセルフである。ホーム・ワイナリー、ホーム・ブリュワリーはイギリスで発達し、フランスに入り、ヨーロッパ全土をおおい、今、アメリカにも広く浸透し始めている。

有名な通信販売の世界企業シアーズ・ローバックが日曜酒造の原料、器具、包装資材（ブドウ濃縮果汁、麦芽、ホップ、ホップ入り麦芽エキス、乾燥酵母、醸造機械、びん、キャップ、ラベル）の取扱いを始めた。ニューヨークに本社をおくデパートチェーンのボン・マシェも日曜酒造コーナーを設けた。ブドウ果汁の世界企業ウェルチもこの産業に乗り出し、ワインつくりのキットを「ワインカントリー」という名で発売した。日曜酒造の店は店主、店員が酒つくりのコンサルタントをやりながら高収益をあげている。フランスのスーパー、デパートではどこでも、ホーム・ワイナリーの器材、資材が売られ、さすがワインの国の底の深さを感じさせる。このホビイ産業のトップはイギリスのグレイ・オウル・ラボラトリーで、家庭の酒つくりに必要なもので、ないものはないといってよいほど完璧にそろえられている。

このように酒つくりがホビイとなって大きな産業となっている光景を日本の酒の役人が見たら、腰を抜かすか、見て見ぬふりをするにちがいない。だが、こういうところから、酒の本質にふれて、酒の知識が本物となり、さらに奥深い酒の世界に入ってゆくことが出来るとしたら、これは消費者の権利という点から見て大変に望ましいことにちがいない。

四、自由を我等に！

いうまでもないことだが現代は商品社会である。あらゆるものがそうであるように、現代は「商品として流通する酒」と「家庭で手造りされ、商品として流通することのない酒」とが併存していて一向におかしくないということである。そして酒税法は、この前者の「商品としての酒」を規制するための法律である。そして「密造」とは「商品としての酒」が無免許で無差別に、酒税を課せられることなく、流通するときに適用される犯罪である。

こう考えると「家庭で手造りする酒」がホビイの範囲にとどまる限り、これらは酒であって酒でない。それは「商品化しない酒」だからである。したがって、平和な家庭の中にまで、酒税法が土足で入り込み、「密造」だなどと居丈高になることもないのである。もし、あったとすれば、それは法律の過剰解釈であり、濫用で、これは戦中、治安維持法が濫用されたのと同じである。それにこの程度のホビイとしての酒つくりで酒税収入が減るはずもない。もし、そんなことがあったとすれば、それは商品としての酒の中身がよほどいい加減だからに相違ない。

それにもうひとつ、大げさな言い方かも知れないが、消費者が自ら「安全をたしかめながら」自らつくることで中身を知り、その結果、知識をたくわえ「知らされる情報」を活用し、商品「選択」の眼をやしない、さらにメーカーのつくりだす商品に消費者の「意志を反映させ」、よりすぐれた商品を生みださせる――ここに消費の自由と解放がある。冒頭にかかげた消費者の四つの基本的権利のバックグラウンドに、私は欧米のホビイ産業を見たのである。そして、その行きつくところに手造りの酒のホビイ産業があるのだ。日本にはその自由がまだない。私達の手で、この自由をすみやかに勝ち取らなければならない。自由を我等に！

あとがき――拝啓　井上ひさし様

拝啓　井上ひさし様
あなたのお書きになった大作『吉里吉里人』――東北の一寒村が突如「吉里吉里国」として日本より分離独立。農業、経済、外交、自衛、医療などの分野で老若男女が「吉里吉里国」建設のため、珍無類の活躍をする――あなたの本格SF小説を読了した私の心身に「吉里吉里症候群（シンドローム）」が現われて参りました。この症候群は他の病いのそれとことなり、不快な症候がいささかもなく、むしろ私の心をあらゆる桎梏から解きはなちはじめています。
この症候群は、私に日本国より分離独立することを決意させました。と申しますのは、日本国民でいる限り、日本の権力構造が押し通そうとしている「ドブロク即密造」という考えにピリオドを打たせることはむずかしいと感じたからであります。この際、むしろ外部からゆさぶりをかけぬ限り、「百年、河清をまつ」のたとえどおり、現状の変革はむずかしいと感じとったからです。
私は今、日本の大都市にすんでいます。都市を大海にたとえればわが家はけし粒の如き孤島です。私の内なる吉里吉里症候群は、私にこの孤島を日本国より分離独立させることを決意させました。独立がすみ次第、ただちに吉里吉里国所属の「飛び地」として承認いただくよう、吉里吉里国大統領におとりないただきたく筆をとりました。

目下、秘匿のみが日本の国家権力の破壊工作より孤島を守る唯一の道でありますので、現在地が日本国の住居表示で何処にあるかは、安全保障の見地から明らかに致すわけには参りませんが、日本国よりの分離独立の宣言、そして貴国への帰属完了次第、この地を吉里吉里国御酒町大字濁酒として登録いただきたいと考えております。

その上で私は、ここに「笹野どぶろく道場」を建設致し、その道場主として次の看板をかかげたいと思っております。

> 手づくり酒・百般指南
> 笹野　好太郎
> 吉里吉里国御酒町大字濁酒
> 笹野どぶろく道場主人

濁酒、どぶろくの言葉が多すぎるきらいがありますが、酒にさまざまあっても、吉里吉里国の風土に適した酒は、どぶろくをもってとどめをさすと信ずるからであります。吉里吉里国の全世帯でどぶろくをかもし、これを自らの飲用に供するとともに、他国からの観光客に供し、観光収入の一部にもと考えるからであります。

最後にお願い致します。

吉里吉里国は現在、未来、永劫にわたって酒税法をもたぬことを宣言していただきたい。それは酒税法によって自家醸造を禁じていることこそ、国家権力がもっともその恣意（しい）をあからさまにしたことであると信じるからであります。

敬具

一九八二年　一月

本書は『趣味の酒つくり』（1982年刊）を底本に、
判型・造本を変えて復刊したものです。
登場する食材や書籍等の情報は底本発行当時のままであることをご承知おきください。

趣味の酒つくり
ドブロクをつくろう実際編

1982年2月25日　初版第1刷発行
2014年2月10日　初版第48刷発行
2020年3月5日　復刊第1刷発行

著者　笹野　好太郎

発行所　一般社団法人 農山漁村文化協会
〒107-8668　東京都港区赤坂7-6-1
電話　03（3585）1142（営業）　03（3585）1147（編集）
FAX　03（3585）3668　振替 00120-3-144478
URL　http://www.ruralnet.or.jp/

ISBN 978-4-540-19214-2
〈検印廃止〉
印刷／藤原印刷㈱
製本／根本製本㈱
© 笹野好太郎 1982 Printed in Japan
定価はカバーに表示
乱丁・落丁本はお取り替えいたします。